Entwicklung neuer Ansätze zum nachhaltigen Planen und Bauen

Deutschland hat sich zum Ziel gesetzt, dass bis zur Mitte des 21. Jh. der Gebäudebestand, der durch Herstellung und Nutzung für einen Großteil aller Treibhausgasemissionen ursächlich ist, nahezu klimaneutral sein soll. Aber auch die Schonung vorhandener Ressourcen, das Schaffen einer circular economy und die Verankerung der Prinzipien Effizienz, Konsistenz und Suffizienz beim Planen, Errichten, Nutzen und Zurückbauen unserer bebauten Umwelt sind der Anspruch, dem die Akteure des Bauwesens gerecht werden müssen.

Wichtige Projektentscheidungen werden häufig nicht auf Basis der zu erwartenden Nachhaltigkeit getroffen, sondern zumeist auf Basis ökonomischer Gesichtspunkte (Herstellkosten). Es gilt, alle Beteiligten zu sensibilisieren, dass das in der Herstellung günstigste Bauwerk selten das wirtschaftlichste oder gar nachhaltigste ist, betrachtet man den gesamten Lebenszyklus. Es ist also sinnvoll, die Nachhaltigkeit von Bauwerken nicht nur zu dokumentieren, sondern wichtige Entscheidungen auf Basis der Nachhaltigkeit zu treffen.

Diese Buchreihe möchte neue Erkenntnisse der angewandten Wissenschaften und Praxis vorgestellt, die dazu beitragen sollen, Veränderungen im Markt aufzuzeigen und zu begleiten, hin zu einer nachhaltigen Bauwirtschaft.

Jonas Scharke

Nachhaltige Rückbau- und Entsorgungsplanung

Erarbeitung eines Rückbau- und Entsorgungskonzeptes im Bereich des Einzelhandels

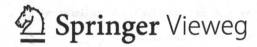

Jonas Scharke
Hockenheim, Deutschland

ISSN 2948-1007   ISSN 2948-1015   (electronic)
Entwicklung neuer Ansätze zum nachhaltigen Planen und Bauen
ISBN 978-3-658-41377-4   ISBN 978-3-658-41378-1   (eBook)
https://doi.org/10.1007/978-3-658-41378-1

Die Deutsche Nationalbibliothek verzeichnet diese Publikation in der Deutschen Nationalbibliografie; detaillierte bibliografische Daten sind im Internet über https://portal.dnb.de abrufbar.

Planung/Lektorat: Ralf Harms
Springer Vieweg ist ein Imprint der eingetragenen Gesellschaft Springer Fachmedien Wiesbaden GmbH und ist ein Teil von Springer Nature.
Die Anschrift der Gesellschaft ist: Abraham-Lincoln-Str. 46, 65189 Wiesbaden, Germany

Vorwort und Danksagung

Die vorliegende Arbeit markiert den Abschluss meines dreijährigen Bachelorstudiums an der dualen Hochschule Mosbach in der Fachrichtung Bauingenieurwesen-Projektmanagement-Hochbau, dass in Kooperation mit der dm-Vermögensverwaltungsgesellschaft mbH ermöglicht wurde. Die Besonderheit des dualen Studierens, dass eine direkte Verknüpfung zwischen theoretisch erlangtem Wissen und praktischer Umsetzung zulässt, ist als Grundstein für den Entstehungsprozess dieser Arbeit hervorzuheben. Aus dieser außergewöhnlichen Konstellation erwachsen Zusammenarbeitsmomente, ohne die eine erfolgreiche Erstellung dieser Arbeit sowie meines gesamten Studiums nur schwer denkbar gewesen wären.

Es gilt daher, besonderen Dank aussprechen an Herrn Prof. Dr. Ing. Markus Koschlik für das gegenüber meiner Arbeit entgegengebrachte Interesse sowie seine umfassende Betreuung während des Erstellungszeitraumes. Zudem bedanke ich mich ausdrücklich für die Chance einer Veröffentlichung dieser Arbeit sowie die hierbei gezeigte Initiative.

Ebenso geht mein besonderer Dank an meine betriebliche Betreuerin Frau Colette Kahles, die sich für die fachliche Begleitung meiner Arbeit verantwortlich zeigte. Ich bedanke mich für die konstruktive Zusammenarbeit und das partnerschaftliche Verhältnis sowie für die ständige zeitintensive Betreuung während der Erstellung. Zudem bedanke ich mich außerordentlich bei Herrn Martin Auer, Herrn Anatol Schmid, Frau Cornelia Remelius und Frau Alexandra Sümenicht für die ausführlichen Einblicke in die praktische Zusammenarbeit sowie für das besondere Engagement in der Rolle als Lernpaten.

Zusätzlich bedanke ich mich insbesondere bei meinen Eltern Manfred und Martina Scharke, die mir meinen bisherigen Weg geebnet haben und auch während des Entstehungsprozesses als Ratgeber, Lektoren und Seelsorger unablässig an meiner Seite standen. Außerdem hervorzuheben ist der Einfluss meiner Partnerin Sofia Nychtas, die als Motivatorin und verlässliche Stütze in dieser anspruchsvollen Zeit der Erstellung in Erscheinung trat.

Jonas Scharke

Vorwort

Die Bauwirtschaft steht vor einem Wandel, der angesichts der großen gesellschaftlichen Herausforderungen auch zwingend erforderlich ist. Laut aktuellen Studien sind die Phasen Herstellung, Errichtung, Modernisierung und Nutzung der Wohn- und Nichtwohngebäude insgesamt für ca. 40 % aller CO_2-Emissionen in Deutschland verantwortlich. Außerdem verbraucht die Bauwirtschaft in Deutschland branchenübergreifend betrachtet die meisten Rohstoffe und verursacht später mit mehr als 50 % den mit Abstand größten Teil des Abfallaufkommens. Außerdem verursacht die Entwicklung neuer Siedlungs- und Verkehrsflächen aktuell täglich einen Flächenverbrauch in Höhe von mehr als 50 Hektar. Diese Liste könnte endlos weitergeführt werden. Aus diesem Grund kommt die Bauwirtschaft auch nicht mehr um das nachhaltige Bauen herum und ist stattdessen besonders in der Pflicht, ihre Produkte und die dafür notwendigen Prozesse ständig zu verbessern. Die Buchreihe *Entwicklung neuer Ansätze zum nachhaltigen Planen und Bauen* möchte die erforderliche Transformation der Bauwirtschaft mit neuen Ideen, Ansätzen und Methoden unterstützen. Ein besonderes Merkmal der Buchreihe ist, dass die Autoren der einzelnen Bände an der Dualen Hochschule Baden-Württemberg (DHBW) Mosbach studiert haben. Die Autoren verfügten also bereits zum Zeitpunkt der Erstellung ihrer wissenschaftlichen Arbeiten, die die Grundlage für diese Buchreihe bilden, nicht nur über theoretisches Wissen, sondern bereits auch schon über eine mehrjährige und einschlägige Berufserfahrung. Die wissenschaftlichen Arbeiten sind also stets vor dem Hintergrund eines tatsächlichen Nutzens und der Anwendung durch die jeweiligen dualen Partnerunternehmen entstanden. Dadurch sind die in den Arbeiten entwickelten Methoden und Inhalte nicht nur praxisrelevant, sondern immer auch für eine reale Anwendung konzipiert. Thematisch fokussiert sich die Buchreihe auf den Bereich des nachhaltigen Planens und Bauens. Einen ganzheitlichen Ansatz verfolgend sind hierbei alle Lebenszyklusphasen von Gebäuden inbegriffen, also von der frühen Projektentwicklungsphase im engeren Sinne bis zum Rückbau und der anschließenden Wiederverwendung oder Entsorgung. Dabei kann es auch immer wieder zu Berührungspunkten mit anderen Bereichen kommen, zum Beispiel mit dem Projektmanagement, Lean Construction oder auch Building Information Modeling (BIM).

Die Anmietung von Fremdflächen ist heutzutage Standard bei Unternehmen der Einzelhandelsbranche, den sogenannten Retail-Unternehmen. Dadurch ergeben sich besondere Abhängigkeiten und Anforderungen aufseiten der Unternehmen. So werden die angemieteten Gebäude in der Regel im Rohbauzustand übernommen, bei dem zusätzlich die Innen- und Außenwände bereits verputzt sind („veredelter Rohbau"). Den Retail-Unternehmen als Mieter obliegt es dann, die Flächen entsprechend ihrer Anforderungen auszubauen. Im Mittelpunkt steht hierbei die Wahrnehmung der zukünftigen Kunden der Unternehmen. Diese kann aktiv durch die Verwendung geeigneter Gestaltungs- bzw. Ladenbildelemente, wie zum Beispiel eine Fototheke, beeinflusst werden. Soll auch in diesem Bereich der Leitgedanke des nachhaltigen Bauens gelebt werden, ist die Implementierung des Cradle to Cradle-Ansatzes unerlässlich. Dennoch existiert heute diesbezüglich häufig ein Widerspruch: Die Gestaltungs- bzw. Ladenbildelemente werden von den Retail-Unternehmen zwar selber entwickelt und geplant, dennoch werden diese nach einem Umbau oder der Schließung eines Ladens zumeist von einem Generalentsorger übernommen. Transparenz über den Entsorgungsweg ist dadurch dann nicht mehr gegeben. Der vorliegende Band aus der Reihe *Entwicklung neuer Ansätze zum nachhaltigen Planen und Bauen* beschreibt ein Verfahren zur Entwicklung eines ökologischen Rückbau- und Recyclingkonzeptes von innenarchitektonischen Gestaltungselementen im Einzelhandel. Die Bachelorarbeit von Herrn Jonas Scharke, die die Grundlage für diesen Band darstellt, zeichnet sich insbesondere durch eine sehr umfangreiche und strukturierte Literaturrecherche und die Entwicklung mehrerer projektunabhängiger und projektindividueller Maßnahmen zur Verbesserung der Kreislauffähigkeit des Rückbau- und Recyclingkonzeptes aus. Hierbei werden auch die Besonderheiten verschiedener, häufig vorkommender Filialtypen berücksichtigt. Eine fiktive Anwendung des Konzeptes untersucht und bewertet abschließend die Praxistauglichkeit.

Mosbach   Markus Koschlik
März 2023

Kurzfassung

Als ressourcenintensiver Wirtschaftssektor ist das Bauwesen verantwortlich für einen Großteil der in Deutschland anfallenden Abfallmassen. Das Regulieren von Stoffkreisläufen und ein nachhaltiger Umgang mit verfügbaren Rohstoffen ist somit von besonderer Relevanz und liegt im Verantwortungsbereich beteiligter Akteure. Die Prozessführung zum Lebensende des Bauwerks während des Rückbaus bestimmt hierbei maßgeblich die Qualität der anschließenden Verwertung eingesetzter Materialien.

Im Rahmen der vorliegenden Arbeit wird ein Konzept entwickelt, das den Abwicklungsprozess des Rückbaus innenarchitektonischer Gestaltungselemente im Einzelhandel steuern soll. Vorab werden spezifische Anforderungen definiert, die während des Entwicklungsprozesses Berücksichtigung erhalten und eine qualitative Überprüfung des Endresultates ermöglichen. Der zugrunde liegende Input des Konzeptes wird durch eine ausführliche Untersuchung des derzeitigen Standes der Technik und der Forschung generiert. Betrachtet werden insbesondere derzeit gültige Standards sowie aktuelle Forschungsarbeiten, die Methoden für einen auf die Kreislaufführung ausgerichteten Rückbauablauf erarbeiten. Den Schwerpunkt bildet die anschließend erfolgende Konzeptentwicklung, der eine Beschreibung der methodischen Vorgehensweise vorangeht. Die Konzeptentwicklung wird hierbei entscheidend von den Besonderheiten und den Anforderungen des Einzelhandels sowie dem vorliegenden Umbauumfang geprägt. Die individuellen Gegebenheiten werden durch die Durchführung verschiedener Experteninterviews erfasst. Das Konzept unterscheidet für die Rückbauführung im vorliegenden Anwendungsfall zwischen zwei grundlegenden Maßnahmengattungen, die zum einen projektunabhängig und zum anderen projektindividuell angewandt werden können. Projektunabhängige Maßnahmen beziehen sich dabei explizit auf das Bauteil respektive Gestaltungselement und sind über den Produktlebenszyklus ganzheitlich umsetzbar. Demgegenüber sind projektindividuelle Maßnahmen ausschließlich auf ein konkretes Projekt bezogen und die Durchführbarkeit von den gegebenen Rahmenbedingungen beeinflusst. Durch die Definition von Typenprofilen soll in diesem Zusammenhang der Heterogenität der Projektarten im Einzelhandel entgegengewirkt werden. Das Konzept wird zusätzlich durch eine Anwendung im Praxiszusammenhang verifiziert. Hier zeigen sich Herausforderungen insbesondere hinsichtlich der Flexibilität der Einbeziehung, bei der Ausweitung der Geschäftspartnerbeziehung sowie bei der Ermittlung des erforderlichen Demontageaufwandes. Dieser Potenzialfelder ist sich im Zuge zukünftiger Forschungen anzunehmen. Gleichzeitig ist eine kontinuierliche Weiterentwicklung der Typenprofile anzustreben.

Inhaltsverzeichnis

Abkürzungsverzeichnis

AltholzV	Altholzverordnung
BA	Baustellenabfall
BauNVO	Baunutzungsverordnung
BFR	Bauchfachliche Richtlinien Recycling
BIM	Building Information Modelling
BMUB	Bundesministerium für Umwelt, Naturschutz, Bau und Reaktorsicherheit
BMVBS	Bundesministerium für Verkehr, Bau und Stadtentwicklung
BNB	Bewertungssystem Nachhaltiges Bauen
BS	Bauschutt
DGNB	Deutsche Gesellschaft für Nachhaltigkeit
DIN	Deutsches Institut für Normung
DKE	Deutsche Kommission Elektronik Informationstechnik
EOL	End Of Life
EU	Europäische Union
GewAbfV	Gewerbeabfallverordnung
HOAI	Honorarordnung für Architekten und Ingenieure
HPL	High Pressure Laminate
KG	Kostengruppen
KrWG	Kreislaufwirtschaftsgesetz
LBO	Landesbauordnung
LP	Leistungsphase
QS	Qualitätsstufen
VDI	Verband deutscher Ingenieure

Abbildungsverzeichnis

Tabellenverzeichnis

Einleitung

In den vergangenen Jahren ist das Bewusstsein für einen schonenden Umgang mit Ressourcen kontinuierlich gewachsen [1]. Unter dem Oberbegriff der Nachhaltigkeit werden Initiativen und Ansätze für eine umweltverträgliche Zukunftsplanung zusammengefasst und sukzessive in Wirkung gebracht. Nachdem sie durch die Veröffentlichung des Abschlussberichts der Weltkommission für Umwelt und Entwicklungen der Vereinten Nationen im Jahre 1987 vermehrt an Popularität gewann, hat die Nachhaltigkeit z. B. in Form von Gesetzen und Regularien wie dem deutschen Klimaschutzgesetz oder dem Übereinkommen von Paris konkrete Formen angenommen. Übergeordnet vereint eine nachhaltige Entwicklung Bezüge aus ökologischen, ökonomischen und sozialen Bereichen [2].

Als ressourcenintensiver Wirtschaftssektor wird das Bauwesen, welches ca. 50 % der in Deutschland umgesetzten Rohstoffe wie z. B. Glas, Kunststoff, Holz, Sand und Kies umsetzt von diesen Entwicklungen ebenfalls stark beeinflusst [3]. Durch die heterogene Struktur der Akteure sowie aufgrund der langen Verweilzeit der erstellten Produkte weist der Bausektor zusätzlich zu seiner mengenmäßigen Bedeutung weitere Besonderheiten auf [4]. Dem Ziel eines CO_2-neutralen Gebäudebetriebs wird heutzutage besondere Bedeutung beigemessen, zu dessen Erreichen es jedoch verschiedene Herausforderungen zu bewältigen gilt [5]. Darunter fällt die Optimierung der verwendeten Baumaterialien im Hinblick auf das Erschaffen neuer Wertstoffkreisläufe. Gemäß der europäischen Bauproduktenverordnung sind Gebäude derart zu entwerfen, zu errichten und abzureißen, dass seine Baustoffe und Teile nach dem Abbruch wiederverwendet werden können sowie *„umweltverträgliche Rohstoffe und Sekundärstoffe verwendet werden"* [6]. Bereits bestehende Regularien wie beispielsweise der 2015 erschienene Aktionsplan zur Kreislaufführung von Produkten, Materialien und Ressourcen [7] zielen darauf ab, einen schonenden Umgang bei der Nutzung von natürlichen Ressourcen im Bauwesen zu etablieren [8]. Um den Anforderungen gerecht zu werden, steht die Betrachtung

J. Scharke, *Nachhaltige Rückbau- und Entsorgungsplanung,* Entwicklung neuer Ansätze zum nachhaltigen Planen und Bauen, https://doi.org/10.1007/978-3-658-41378-1_1

der gesamten Produktlebenszyklusphasen der eingesetzten Materialien im Fokus. Entscheidend für eine Verwertung der Reststoffe ist hierbei die umfassende Organisation des Entsorgungsprozesses, welche als Voraussetzung für eine sortenreine Trennung bereits in der Planungsphase neuer Gebäude stattfinden sollte [9].

1.1   Herausforderung

Das Erscheinungsbild einer Einzelhandelsfiliale wird von innenarchitektonischen Gestaltungselementen geprägt. Getreu dem gebräuchlichen Sprichwort „Handel ist Wandel", werden im Retailbereich aufgrund von Weiterentwicklung der Corporate Identity regelmäßig Maßnahmen zur Modernisierung des Filialportfolios angestoßen [10]. In diesem Zuge werden oftmals bestehende Elemente substituiert und entsorgt, wobei überwiegend Baustellenabfälle (BA) wie z. B. Holz, Kunststoff oder Metall anfallen. In Deutschland fielen 2018 insgesamt 14 Mio. t Baustellenabfälle an, von denen 1,8 % recycelt und 94,9 % anderweitig verwertet wurden [11]. Die niedrige Recyclingquote verdeutlicht das Potenzial, welches für eine hochwertigere Verwertung- und Wiederverwendung der entstehenden BA besteht. Die Verantwortlichkeit für die Entsorgung aller Bau- und Abbruchabfälle trägt nach DIN 18459 der Bauherr bzw. dessen Vertreter [12]. Demzufolge obliegt es dem Bauherrn, nachhaltigen Grundsätzen folgend, sich mit dem Verbleib der gestalterischen Komponenten auseinanderzusetzen. Als Herausforderung gestaltet sich hierbei die Organisation eines ökologischen, auf Kreislaufwirtschaft ausgerichteten Entsorgungskonzeptes, das gleichzeitig mit den wirtschaftlichen Interessen eines Retailunternehmens vereinbar ist. Eine weitere Herausforderung entsteht aus der rückwirkenden Auseinandersetzung mit dem Rückbau verwendeter Komponenten, da der Rückbauprozess nach Abschluss der Planung nicht mehr maßgeblich beeinflussbar ist. Es muss folglich untersucht werden, inwieweit eine Einflussnahme des Bauherrn an diesem Punkt noch möglich ist.

1.2   Zielsetzung

Die übergeordnete Hypothese besteht darin, dass derzeit kein spezifisches Verfahren zur Entwicklung eines ökologischen Rückbau- und Recyclingkonzeptes von innenarchitektonischen Gestaltungselementen existiert. Um die Hypothese zu verifizieren, werden der aktuelle Stand der Technik und der Stand der Forschung ausgewertet und untersucht. Falls die Hypothese Gültigkeit besitzt, werden anschließend Anforderungen gestellt, die als Grundlage für die Entwicklung eines ökonomischen und ökologischen Ansatzes dienen. Hierfür werden Kriterien definiert, welche als Voraussetzung bei der Konzeptionierung des Rückbau- und Recyclingkonzeptes zu berücksichtigen sind. Nach den definierten Kriterien und auf Grundlage des Stands der Technik wird anschließend ein Konzept zur Organisation des Rückbauprozesses entwickelt. Das Ziel des Konzeptes

ist die Ableitung geeigneter Maßnahmen zur Optimierung der bestehenden Rück-
bau- und Recyclingorganisation. Die Anwendung des Konzeptes soll eine **Flexibilität** im Zeitpunkt der Nutzung zulassen. Das Konzept schließt daher die rückwirkende
Auseinandersetzung mit den verwendeten Komponenten ein, sodass eine flexible Einbeziehung möglich wird. Zu klären, auf welche Weise die Flexibilität im Umgang
umgesetzt werden kann, ist Teil der vorliegenden Arbeit. Weiterhin soll das Konzept
über **Anpassbar- und Erweiterbarkeit** verfügen. Da sich die Bewertungskriterien auf
die ökologische und ökonomische Dimension beschränken, soll die Möglichkeit gegeben
werden, das Konzept im Nachhinein um weitere Aspekte zu ergänzen. Eine Erstellung
nach allgemeingültigen Indikatoren soll eine Anpassung des Konzeptes auf verschiedene
innenarchitektonische Gestaltungselemente ermöglichen. Über die explizite Definition
der einzelnen Kriterien soll eine **Vergleichbarkeit und Prüfbarkeit** verschiedener
Konzeptvarianten zugelassen werden. Eine Orientierung an bestehenden Standards
soll zudem bei der **Einhaltung von nationalen und europäischen Gesetzen und
Regularien** im Rückbau- und Entsorgungsprozess unterstützen. Zur Verifizierung und
Optimierung wird das Modell abschließend im Praxiszusammenhang angewendet und
kritisch hinterfragt.

1.3   Gang der Untersuchung

Die vorliegende Arbeit ist in sechs Kapitel gegliedert. In Kap. 1 wird die zugrunde
liegende Ausgangssituation sowie die damit verbundenen Herausforderungen und
die Zielsetzung der Arbeit beschrieben. Kap. 2 umfasst eine kompakte Auseinandersetzung mit theoretischen Grundlagen, die Voraussetzung für das für das Verständnis
allgemeiner Zusammenhänge und Begrifflichkeiten ist. In Kap. 3 wird anschließend
der Stand der Technik und der Forschung untersucht. Die Untersuchung des Stands
der Technik schließt eine Zusammenfassung bestehender Normen und Richtlinien ein,
welche für die Organisation des Rückbauprozesses relevant sind. Zudem werden derzeitige nationale Zertifizierungsmöglichkeiten für Rückbaumaßnahmen vorgestellt. Des
Weiteren beinhaltet das Kapitel eine Auseinandersetzung mit dem Stand der Forschung.
Dabei werden aktuelle Forschungsansätze zur Verwertbarkeit von Bauprodukten erläutert
und hinsichtlich ihrer Anwendbarkeit auf die gegebene Herausforderung analysiert.
Im Anschluss an die Erläuterungen des Stands der Technik und der Forschung widmet
sich Kap. 4 der Entwicklung eines kreislauffähigen Rückbaukonzeptes. In Zuge dessen
wird im ersten Schritt die Methodik der Vorgehensweise erläutert und anschließend der
notwendige Input des Konzeptes generiert. Unter Berücksichtigung des Inputs werden
Maßnahmen definiert, die zur Sicherstellung der geforderten ökologischen und ökonomischen Qualität beitragen. Das entwickelte Konzept wird in Kap. 5 im Praxiszusammenhang für ein exemplarisches Gestaltungselement angewandt. Hierbei wird
kritisch die Eignung des entwickelten Ansatzes geprüft und Optimierungspotenziale aus-
gewiesen. Abschließend werden in Kap. 6 auf Basis der vorangegangenen Ausarbeitung

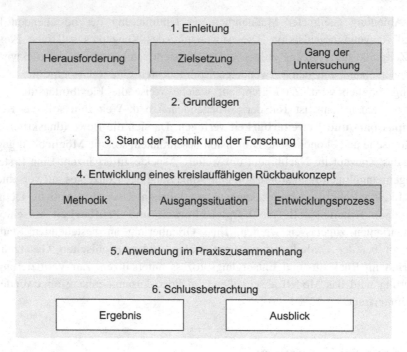

Abb. 1.1 Gliederung der Arbeit

die Ergebnisse konsolidiert und ein Ausblick auf weiteren Forschungsbedarf in der Thematik der vorliegenden Arbeit gewährt. Abb. 1.1 stellt den Aufbau der Arbeit schematisch dar.

1.4   Eingrenzung

Die Arbeit befasst sich ausschließlich mit dem Rückbau- und Recycling innen-architektonischer Gestaltungselemente. Der generierte Input wird folglich auf diese modifiziert, sodass eine spezifische Betrachtung möglich ist. Der ganzheitliche Gebäude-rückbau gibt lediglich den Rahmen vor, auf welchen das Konzept sich bezieht. Die Ent-wicklung des Modells erfolgt somit auf Bauteilebene. In das Modell werden im ersten Schritt nur die Nachhaltigkeitsdimensionen Ökonomie und Ökologie aufgenommen. Soziale Aspekte werden im ersten Schritt nicht berücksichtigt. Jedoch soll durch einen anpassbaren Konzeptentwurf eine perspektivische Integration weiterer Parameter offen-gehalten werden. Die vorliegende Arbeit verzichtet auf eine ganzheitliche Betrachtung des Entsorgungsprozesses, sondern beschränkt sich auf die beim Rückbau und in der Konzeption zu treffenden Maßnahmen.

Literatur

1. Bundesministerium für Verkehr und digitale Infrastruktur (2020) Bericht des BMVI zur Nachhaltigkeit 2020, Online verfügbar unter https://www.bmvi.de/SharedDocs/DE/ Publikationen/G/ressortbericht-nachhaltigkeit.html, 08.07.2022.
2. Ludin, D., Wellbrock, W. (2021) Verbraucherökonomische Grundlagen eines nachhaltigen Konsums. In: Wellbrock, W., Ludin, D. (eds) Nachhaltiger Konsum. Springer Gabler, Wiesbaden.
3. Deilmann, Clemens; Reichenbach, Jan; Krauß, Norbert; Gruhler, Karin (2017) Materialströme im Hochbau. Potenziale für eine Kreislaufwirtschaft. Stand: Dezember 2016. Hg. v. Claus Asam und Wencke Haferkorn. Bonn: Bundesinstitut für Bau-, Stadt- und Raumforschung im Bundesamt für Bauwesen und Raumordnung (Schriftenreihe Zukunft Bauen, Band 06).
4. Arendt, M. (2000) Kreislaufwirtschaft im Baubereich: Steuerung zukünftiger Stoffströme am Beispiel von Gips. Dissertation. Ruprechts-Karls-Universität Heidelberg.
5. John, V.; Stark, T. (2021) Wieder- und Weiterverwendung von Baukomponenten (RE-USE). BBSR-Online-Publikation, Bonn.
6. Europäische Union (2011) Verordnung (EU) Nr. 305/2011 DES EUROPÄISCHEN PARLAMENTS UND DES RATES vom 9. März 2011 zur Festlegung harmonisierter Bedingungen für die Vermarktung von Bauprodukten und zur Aufhebung der Richtlinie 89/106/EWG des Rates.
7. Europäische Union (2015) Closing the loop – An EU action plan for the Circular Economy. COM (2015) 614 final. Brüssel.
8. Hafner, A.; Krause, K.; Ebert, S.; Ott, S.; Krechel, M. (2020) Ressourcennutzung Gebäude: Entwicklung eines Nachweisverfahrens zur Bewertung der nachhaltigen Nutzung natürlicher Ressourcen. Ruhr-Universität Bochum, Bochum.
9. LeNa Shape (2016) fact sheet Rückbaumanagement. Hg. v. Fraunhofer-Institut für Bauphysik IBP, Abt. GaBi. Online verfügbar unter https://www.nachhaltig-forschen.de/fileadmin/user_ upload/factsheets/LeNa_FactSheet_Rueckbaumanagement_fin.pdf.
10. Etzel, E. (2020) Der Einzelhandelsladen der Zukunft: Kann durch Cradle to Cradle eine neue Qualität der Nachhaltigkeit für Gebäude des Einzelhandels erreicht werden?. Dissertation. Leuphana Universität Lüneburg, Lüneburg.
11. Kreislaufwirtschaft Bau (2018) Mineralische Bauabfälle Monitoring 2016. Bericht zum Aufkommen und zum Verbleib mineralischer Bauabfälle im Jahr 2016. Berlin.
12. DIN 18459 (2016) VOB Vergabe- und Vertragsordnung für Bauleistungen – Teil C: Allgemeine Technische Vertragsbedingungen für Bauleistungen (ATV) – Abbruch- und Rückbauarbeiten. Beuth, Berlin.

Grundlagen

2

2.1 Nachhaltigkeitsstrategien

Der Begriff der Nachhaltigkeit ist ursprünglich aus dem Bereich der Forstwirtschaft entlehnt und wird von unterschiedlichen Autoren verschieden definiert [1]. Im Brundtland Bericht der Vereinten Nationen von 1987, benannt nach der Vorsitzenden Gro Harlem Brundtland, wurde eine nachhaltige Entwicklung (Sustainable Development) erstmals definiert als *„[…] development that meets the needs of the present without compromising the ability of future generations to meet their own needs"* [2]. Nach *Friedrichsen* bedeutet dies übersetzt: *„[…] eine Entwicklung, die den Bedürfnissen der heutigen Generation entspricht, ohne den zukünftigen Generationen die Möglichkeiten zu nehmen, ihre eigenen Bedürfnisse zu befriedigen und ihren eigenen Lebensstil zu wählen"* [3]. Nach *Horbert* umfasst ein nachhaltiges Handeln *„die Nutzung eines regenerierbaren Systems in einer solchen Form, dass es in seinen wesentlichen Eigenschaften erhalten bleibt und sich auf natürliche Weise erneuern kann"* [1].

Es wird ersichtlich, dass der Begriff der Nachhaltigkeit verschieden aufgefasst und interpretiert werden kann. Um eine einheitliche Wahrnehmung des Begriffes und die Sicherung einer nachhaltigen Entwicklung zu erreichen, wurden von den Vereinten Nationen 17 Sustainable Development Goals definiert [4]. Diese umfassen Zielsetzungen auf ökologischer, ökonomischer und sozialer Ebene und lassen sich auf unterschiedliche Wirtschaftszweige adaptieren. Inwieweit ein nachhaltiges Wirtschaften zur Umsetzung kommt, kann durch die drei Leitstrategien Effizienz, Konsistenz und Suffizienz beschrieben werden [6]. Diese werden im Folgenden genauer erläutert.

© Der/die Autor(en), exklusiv lizenziert an Springer Fachmedien Wiesbaden GmbH, ein Teil von Springer Nature 2023
J. Scharke, *Nachhaltige Rückbau- und Entsorgungsplanung*, Entwicklung neuer Ansätze zum nachhaltigen Planen und Bauen, https://doi.org/10.1007/978-3-658-41378-1_2

2.1.1   Effizienz

Vereinfacht zielt die Effizienz-Strategie auf eine Optimierung des Input-Output-Verhältnisses ab. Dies bedeutet konkret, dass pro Serviceeinheit ein geringerer Ressourceneinsatz benötigt wird [5]. Bei gleichbleibendem Nutzen soll folglich der Energie- und Ressourcenverbrauch reduziert und eine relative Senkung erreicht werden [6]. Die Implementierung der Effizienz-Strategie erfolgt durch eine Verbesserung der bestehenden Prozesse, Produkte und Technik [5].

Es gilt im Bauwesen allgemein zu differenzieren zwischen Material-, Flächen und Energieeffizienz. Unter Materialeffizienz wird in diesem Kontext das Verhältnis zwischen zur Herstellung eingesetzter Materialmenge und daraus erzeugtem Endprodukt verstanden, das durch die Zusammensetzung und das Herstellungsverfahren beeinflusst wird. Die Flächeneffizienz beschreibt z. B. eine verbesserte Ausnutzung der Grundstücksfläche oder eine Optimierung der Gebäudegeometrie durch das Verhältnis zwischen Oberfläche zu Volumen (A/V-Verhältnis). Energieeffizienz kann durch einen entsprechend hohen Dämmstandard oder den Einsatz von erneuerbaren Energien erreicht werden. Die Effizienzstrategie birgt jedoch das Risiko von Rebound-Effekten. Das heißt, dass Produktivitätssteigerungen in der Folge von Effizienzsteigerungen einen gesteigerten Konsum von Ressourcen an anderer Stelle bedingen können [6].

2.1.2   Suffizienz

Heyen et al. definiert die Suffizienz als die *„Änderungen in Konsummustern, die helfen, innerhalb der ökologischen Tragfähigkeit der Erde zu bleiben, wobei sich Nutzenaspekte des Konsums ändern"* [7].

Die Suffizienz bezieht sich folglich nicht auf das Einleiten technischer Maßnahmen, sondern wird durch eine freiwillige Änderung der Verhaltensmuster bedingt. Es ist somit ein ganzheitlicher Ansatz, welcher an die Gesamtheit adressiert ist und grundlegende Auswirkungen auf die Lebensweise mit sich bringt. Durch das Zurückstellen eigener Ansprüche und einen umweltverträglichen Verbrauch soll die Nachfrage ressourcenintensiver Güter und Dienstleistungen verringert werden [8].

Die Suffizienz begleitet sowohl Effizienz- als auch Konsistenzbemühungen, da sie richtungsweisend die Zielsetzungen in den einzelnen Disziplinen beeinflusst [9]. Suffizientes Handeln ist gewissermaßen ein Austarieren zwischen dem maximal Notwendigen und dem mindestens Benötigten. Gleichzeitig bedeutet es, vorhandene Systeme kritisch zu hinterfragen, um neue Lösungswege für Herausforderungen zu ebnen [6]. Das Bauwesen betreffend gibt es verschiedene Suffizienz-Aspekte. *Zimmermann* nennt in seiner Arbeit beispielsweise die nachfolgenden Suffizienz-Aspekte:

- Minimierung der Personenfläche auf ein „rechtes Maß"
- Steigerung gemeinschaftlich genutzter Flächen

- Flexibilität in der Raumnutzung
- Reduktion der Ausstattungsqualität oder des Technisierungsgrads [6]

2.1.3 Konsistenz

Die Konsistenz setzt auf eine *„qualitative Transformation der industriellen Stoffumsätze"* [10], um eine umweltverträgliche Beschaffenheit von Stoffströmen zu gewährleisten [5]. Darunter fällt insbesondere die Kreislaufführung eingesetzter Materialien, welche eine lebenszyklusübergreifende Nutzung ermöglicht. Produkte sind demnach so zu konzipieren, dass sie nach dem Gebrauch weiterhin stofflich oder energetisch verwertet werden können [8]. Erstrebenswert ist die Rückführung in abgeschlossene und störsichere Eigenkreisläufe oder die Einfügung in Stoffwechselprozesse der umgebenden Natur [10]. Im Kontext des Bauwesens forciert die Konsistenz-Strategie eine Ressourcenschonung und den Einsatz naturverträglicher Alternativprodukte [6]. Dies äußert sich zum einen in der vermehrten Kreislaufführung von Produkten, Materialien und Ressourcen und in einer Reduktion der Abfallerzeugnisse. Über den Erlass von Gesetzen und Bestimmungen werden Hersteller in die Pflicht genommen, das Szenario des Produktlebensende (engl. End of Life (EoL)) bereits in der Konzeptionsphase zu berücksichtigen.

Gleichzeitig resultiert daraus, dass die Verwendung von Alternativprodukten geprüft wird und umweltverträgliche Baustoffe zum Einsatz kommen. Diese werden oftmals nach ökologischen Kriterien wie beispielsweise der Dauerhaftigkeit, Erweiterbarkeit oder Recyclingfähigkeit bewertet. Ergänzend wird einer Ressourcenverknappung durch eine nachhaltige Ressourcenbewirtschaftung begegnet [13].

Aus der Konsistenz-Strategie entsprungene Ansätze bilden die Grundlage für die Entwicklung eines nachhaltigen Rückbau- und Recyclingkonzeptes. Daher wird der Konsistenz vor dem Hintergrund der Zielsetzung besondere Bedeutung beigemessen. Abb. 2.1 stellt die drei Leitstrategien und deren Ausgestaltung im Bauwesen zusammenfassend dar.

2.2   Stoffkreisläufe

Ein Stoffstrom beschreibt den Lebenszyklus eines Stoffes, beginnend bei der Gewinnung als Rohstoff, über dessen Verarbeitung und Veredelung, den Gebrauch, Verbrauch und schließlich die Verwertung. Stoffkreisläufe sind Umwandlungsprozesse, in denen *„chemische Elemente in unterschiedlichen Bindungsformen und Aggregatszuständen"* [11] zirkulieren. Prinzipiell kann zwischen biologischen (Biosphäre) und technischen Kreisläufen (Technosphäre) unterschieden werden [11].

Auf biologischer Seite stehen Produkte, die nur einmalig genutzt werden können, da sie durch den Konsumenten verbraucht werden. Diese sogenannten Verbrauchsgüter gelangen damit in die Natur zurück und sollten daher biologisch abbaubar sein. Konträr

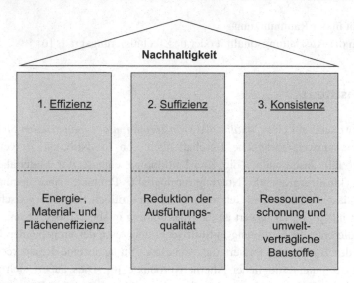

Abb. 2.1 Leitstrategien im Bauwesen

dazu existieren Gebrauchsgüter in technischen Kreisläufen, die in ihrer Nutzung stabil bleiben und eine mehrmalige Nutzung zulassen [12].

Technische Kreisläufe werden z. B. durch Verfahren wie das Recycling erschaffen. Hinsichtlich der nachhaltigen Nutzung von Rohstoffen nimmt das Schließen von Stoffkreisläufen neben der Dauerhaftigkeit und der Umweltverträglichkeit eine zentrale Rolle ein [13]. Daher sollte angestrebt werden, verwendete Materialien möglichst in einen Kreislauf rückzuführen [14]. Eine zielgerichtete Beeinflussung durch Änderungen der Rahmenbedingungen ermöglicht das Lenken von Stoffströmen [15]. Auf dieser Grundlage kann für abfallwirtschaftliche Probleme im Kern eine Lösungsstrategie entworfen werden, welche sich nach *Ahrendt* auszeichnet durch die:

- *„[…] systematische und ganzheitliche Betrachtung von Stoff- und Energieströmen „von der Wiege bis zur Bahre" und*
- *die Orientierung auf die in diesen Stoffströmen involvierten Akteure"* [15].

Zielvorgaben entstammen in diesem Zusammenhang überwiegend aus der ökologischen und ökonomischen Dimension, wobei soziale Aspekte ebenfalls mitzuberücksichtigen sind [16]. Elementar für eine Erschaffung neuer Kreisläufe ist insbesondere die Verwertung der Produkte zum EoL [13].

2.2.1 Verwertungsmöglichkeiten

Der Umgang mit Endprodukten wird in Deutschland im Grundsatz durch das Kreislaufwirtschaftsgesetz (KrWG) reguliert, welches 2012 in Kraft getreten ist. Zweck des

Gesetzes ist eine *„[...] Schonung der natürlichen Ressourcen und die Sicherung der umweltverträglichen Beseitigung von Abfällen"* [17] durch eine Sicherstellung der Kreislaufwirtschaft. Abfälle werden hierbei definiert als *„Stoffe oder Gegenstände, derer sich ihr Besitzer entledigt, entledigen will oder entledigen muss"* [17]. Das KrWG definiert in § 6 Abs. 1 eine Hierarchie von Maßnahmen zur Verwertung und Vermeidung von Abfällen. Die Abfallvermeidung sollte hiernach grundlegend Vorrang vor einer Verwertung haben [17]. In Tab. 2.1 sind Verwertungsmöglichkeiten in Anlehnung an *Hafner et al.* dargestellt, die sich geringfügig von der Rangfolge des KrWG unterscheiden.

Eine Wiederverwendung der eingesetzten Produkte ist in Bezug auf die Verwertung als oberste Priorität zu werten, wohingegen eine Beseitigung beziehungsweise Deponierung zu vermeiden ist. Nachfolgend werden die Begrifflichkeiten definiert und näher erläutert. Wiederverwendete Produkte sind demnach Bestandteile, die *„[...] wieder für den selben Zweck verwendet werden, für den sie ursprünglich bestimmt waren"* [17]. Die Wiederverwertung bezieht sich auf die Rückführung genutzter Gebrauchsgüter, die erneut einem Stoffkreislauf zugeführt werden. Für die Wiederverwertung wird das Recycling als gebräuchliches Synonym verwendet. Das Recycling wird durch den Verband Deutscher Ingenieure (VDI) als die *„erneute Verwendung oder Verwertung von Produkten, Teilen von Produkten sowie Werkstoffen in Form von Kreisläufen"* [18] definiert. Das KrWG grenzt den Begriff des Recyclings darüber hinaus durch den Zusatz ein, dass darunter *„[...] nicht die energetische Verwertung und die Aufbereitung zu Materialien, die für die Verwendung als Brennstoff oder zur Verfüllung bestimmt sind"* [17] aufzufassen ist. Dies macht deutlich, dass für ein Recycling einzig eine stoffliche Nutzung zu forcieren ist. Das Recycling kann abhängig vom Verwertungsniveau weiter in Up-, Down- und Recycling differenziert werden [11]. Der Abfall kann entweder zu einem hochwertigerem, einem gleichwertigen oder minderwertigem Produkt weiterverarbeitet werden. Je nach Typ ist ein unterschiedlich hoher verfahrenstechnischer Aufwand zur Aufbereitung notwendig [11]. Weitergehend beschreibt Recycling ebenfalls ein einmaliges Schließen des Kreislaufs durch die endgültige Verwertung, die zum einen stofflich z. B. durch Verfüllen oder energetisch durch

Tab. 2.1 Verwertungsmöglichkeiten. (Eigene Darstellung in Anlehnung an [13])

	Kategorie	Output-Stoffströme
1	Wiederverwendung	Material zur Wiederverwendung
2	Wiederverwertung	Sekundärmaterial zur stofflichen Nutzung mit gleichwertigem Stoffniveau (Recycling)
3		Sekundärmaterial zur stofflichen Nutzung mit minderwertigem Stoffniveau (Downcycling)
4	Endgültige Verwertung	Material zur endgültigen stofflichen Verwertung
5		Material zur endgültigen energetischen Verwertung
6	Beseitigung	Material zur Beseitigung

eine Verbrennung erreicht werden kann [13]. Die Eignung eines Stoffes zum Recycling wird als Recyclingfähigkeit bezeichnet [11]. Nach *Christiani* wird die Recyclingfähigkeit definiert als „*[...] die individuelle graduelle Eignung einer Verpackung oder eines Erzeugnisses, in der Nachgebrauchsphase tatsächlich materialidentische Neuware zu substituieren*" [19]. Die Voraussetzung einer hochwertigen Wiederverwendung ist die getrennte Sammlung von Abfällen und eine auf Kreislaufführung ausgerichtete Abfallentsorgung [17]. Für den Bausektor ist die Gewerbeabfallverordnung (GewAbfV) maßgebende Gesetzesgrundlage zur ordnungsgemäßen Entsorgung und Trennung von Bau- und Abbruchabfällen. Unter Abfallentsorgung werden nach GewAbfV die „*[...] Verwertungs- und Beseitigungsverfahren, einschließlich der Vorbereitung vor der Verwertung oder Beseitigung*" [20] zusammengefasst. Verursacher und Besitzer der Abfälle sind im Sinne des Gesetzes zur Dokumentation der vorgeschriebenen Trennung verpflichtet [20]. In Zuge dessen haben die Verantwortlichen eine gutachterliche Stellungnahme beziehungsweise schriftliche Nachweise vorzuhalten, die auf Anweisung der zuständigen Behörde vorzulegen sind. Zur Pflichterfüllung ist eine Trennung nach den in Tab. 2.2 aufgeführten Abfallfraktionen zu realisieren, die jeweils einem eindeutigen Abfallschlüssel zugeordnet werden.

In Einzelfällen gelten Ausnahmen, die zum Entfallen der Pflichten führen können. Abweichungen sind gestattet, wenn „*[...] die getrennte Sammlung der jeweiligen Abfallfraktionen technisch nicht möglich oder wirtschaftlich nicht zumutbar ist*" [20]. Die technische Möglichkeit ist nicht gegeben, wenn beispielsweise die Aufstellfläche für Abfallbehälter aufgrund der örtlichen Platzverhältnisse nicht ausreichend ist. Gleichzeitig ist eine Trennung dann wirtschaftlich unzumutbar, wenn die Kosten für eine Trennung unverhältnismäßig hoch gegenüber den Kosten für eine gemischte Sammlung sind [20]. Diese zwei Kriterien sind bei einer individuellen Betrachtung auf Projektebene abzuwägen.

Tab. 2.2 Abfallfraktionen von Bau- und Abbruchabfällen. (Eigene Darstellung in Anlehnung an [20])

	Abfallfraktionen	Abfallschlüssel
1	Glas	17 02 02
2	Kunststoff	17 02 03
3	Metalle, einschließlich Legierungen	17 04 01 bis 17 04 07 und 17 04 11
4	Holz	17 02 01
5	Dämmmaterial	17 06 04
6	Bitumengemische	17 03 02
7	Baustoffe auf Gipsbasis	17 08 02
8	Beton	17 01 01
9	Ziegel	17 01 02
10	Fliesen	17 01 03

2.2.2 Stoffbilanzierung

Die innerhalb eines Systems ein- und austretenden Stoffströme können in Modellen oder Systemen erfasst und bilanziert werden. Hierbei lassen sich nicht ausschließlich die Input- und Output-Stoffströme, sondern auch die untereinander ablaufenden Prozesse abbilden. Bei Ungleichheiten zwischen der Summe der eintretenden Stoffströme zu den austretenden Stoffströmen führt dies zum Auf- oder Abbau von Stofflagern. Zur Aufstellung einer Stoffbilanz werden im ersten Schritt die Rahmenbedingungen vorgegeben. Dies beinhaltet die Auswahl eines passenden Systems und die Eingrenzung des Untersuchungsrahmens durch das Festlegen von Systemgrenzen [11].

Simultan müssen zum Verständnis der Abläufe die systemischen Prozesse ermittelt werden. Hierbei gilt es insbesondere die Beteiligten sowie deren Rollen und Beziehung zueinander auszumachen [15].

Der IST-Zustand soll dabei möglichst realitätsnah abgebildet werden. Im Anschluss an die Grundlagenermittlung werden die Input- und Output-Stoffströme und die Stofflager identifiziert und quantifiziert. Auf Grundlage der ermittelten Daten wird ein Stoffstrommodell erstellt, welches das System schematisch darstellt. Das erstellte Modell wird abschließend interpretiert und ausgewertet [11].

Die Identifikation der prozessinternen Stoffströme ist Voraussetzung für eine Schließung von weiteren Materialkreisläufen, da sie ein informatives Fundament für eine weiterführende Auseinandersetzung bildet. Bezogen auf die Entwicklung eines Rückbau- und Recyclingprozess ist somit in erster Instanz eine Grundlagenermittlung in Form einer Stoffbilanzierung anzustreben.

Literatur

1. Horbert, C. (2010) Ladenbau zwischen Green Design und Fairem Handel. EHI-Retail Institute e. V., Köln.
2. World Commission on Environment and Development (1987) Report of the World Commission on Environment and Development: note/by the Secretary-General. United Nations, New York.
3. Friedrichsen, S. (2018) Einleitung. In: Nachhaltiges Planen, Bauen und Wohnen. Springer Vieweg, Berlin, Heidelberg.
4. United Nations (2022) SDG Progress Report. Online verfügbar unter https://sustainabledevelopment. un.org/content/documents/29858SG_SDG_Progress_Report_2022.pdf.
5. Behrendt, S., Göll, E., & Korte, F. (2018) Effizienz, Konsistenz, Suffizienz – Strategieanalytische Betrachtung für eine Green Economy. Institut für Zukunftsstudien und Technologiebewertung, Berlin.
6. Zimmermann, P. (2018) Bewertbarkeit und ökobilanzieller Einfluss von Suffizienz im Gebäudebereich: Entwicklung einer Suffizienz-Bewertungsmethodik und Bestimmung des Einflusses von Suffizienz auf die Ökobilanz von Wohngebäuden. Masterthesis. Technische Universität München, München.

7. Heyen, D. A. et al. (2013) Mehr als nur weniger, Suffizienz: Notwendigkeit und Optionen politischer Gestaltung. Öko-Institut Working Paper 3/2013.
8. Stengel, O. (2011) Suffizienz – Die Konsumgesellschaft in der ökologischen Krise. (U. E. Wuppertal Institut für Klima, Hrsg.) oekom Verlag, München.
9. El khouli, S., John, V., & Zeumer, M. (2014) Nachhaltig konstruieren. Institut für internationale Architektur-Dokumentation, München.
10. Huber, J. (2000) Industrielle Ökologie. Konsistenz, Effizienz und Suffizienz in zyklusanalytischer Betrachtung. „Global Change" VDW-Jahrestagung, Berlin, 28.–29.Oktober 1999, in: Simonis, U. E. (Hg): Global Change. Nomos, Baden-Baden.
11. Müller, A. (2018) Baustoffrecycling. Springer Vieweg, Wiesbaden.
12. Schmitt, J. C., & Hansen, E. G. (2022). Cradle-to-Cradle-Innovationsprozesse gestalten: erfolgreiche Produktentwicklung in der Circular Economy. Johannes-Kepler-Universität Linz.
13. Hafner, A; Krause, K.; Ebert, S.; Ott, S.; Krechel, M. (2020) Ressourcennutzung Gebäude: Entwicklung eines Nachweisverfahrens zur Bewertung der nachhaltigen Nutzung natürlicher Ressourcen. Ruhr-Universität Bochum, Bochum.
14. Bäuerle, H., Lohmann, MT. (2021) Ökologische Materialien in der Baubranche. essentials. Springer Vieweg, Wiesbaden.
15. Arendt, M. (2000) Kreislaufwirtschaft im Baubereich: Steuerung zukünftiger Stoffströme am Beispiel von Gips. Dissertation. Ruprechts-Karls-Universität Heidelberg.
16. Enquête-Kommission „Schutz des Menschen und der Umwelt" des Deutschen Bundestages (1994): Die Industriegesellschaft gestalten – Perspektiven für einen nachhaltigen Umgang mit Stoff- und Materialströmen. Drucksache 12/8260. Bonn.
17. Bundesregierung (2012) Gesetz zur Förderung der Kreislaufwirtschaft und Sicherung der umweltverträglichen Bewirtschaftung von Abfällen. Kreislaufwirtschaftsgesetz KrWG, Berlin.
18. VDI-Richtlinie 4800:2016-02 (2016) Ressourceneffizienz – Methodische Grundlagen, Prinzipien und Strategien. Blatt 1, Beuth, Berlin.
19. Christiani, J. (2017) Recyclingfähigkeit von Kunststoffverpackungen – Status und Potenziale. Dialogforum Kreislaufwirtschaft 18.10.2017, Berlin. Hg. v. Naturschutzbund Deutschland. Online abrufbar unter https://www.nabu.de/imperia/md/content/nabude/veranstaltungen/171025-nabu-04_recyclingfaehigkeit_von_kunststoffverpackungen_joachim_christiani.pdf (15.07.2022).
20. Bundesregierung (2017) Verordnung über die Bewirtschaftung von gewerblichen Siedlungsabfällen und von bestimmten Bau- und Abbruchabfällen. Gewerbeabfallverordnung GewAbfV, Berlin.

Stand der Technik und der Forschung

3

3.1 Normen und Richtlinien

Der Stand der Technik wird hinsichtlich existierender Standards und bestehender Bewertungs- und Zertifizierungssysteme analysiert. Hierbei ist die Recherche auf die Themenbereiche der Kreislaufwirtschaft sowie auf den Rückbauprozess als solchen ausgeweitet. Die Konzeption eines Rückbaukonzeptes setzt dementsprechend eine Auseinandersetzung mit den Verwertungsmöglichkeiten in der Vorstufe der Projektrealisierung voraus. Die Wechselwirkungen zwischen der Kreislaufführung und dem Rückbauprozess werden an späterer Stelle in Kap. 4 im Detail erläutert und berücksichtigt. Vor dem Hintergrund einer ökologischen Umsetzung, die eine umweltschonende Vorgehensweise erfordert, werden zusätzlich übergeordnete, die Nachhaltigkeit betreffende Normen aufgezählt.

Als Reaktion auf gesetzliche Vorgaben und Bestimmungen werden sowohl international als auch national von branchenspezifischen Ausschüssen genormte Standards entwickelt, welche sich an den gestellten Anforderungen orientieren. Für die Entwicklung eines Rückbau- und Recyclingkonzeptes werden verschiedene internationale, europäische und nationale Standards als relevant eingestuft, die nachfolgend genauer erläutert werden. Bei der Einteilung der Regelwerke wird vor dem Hintergrund der Zielstellung zwischen allgemeinen Standards, Standards zur Produktbeschaffenheit und Standards zu Rückbaumaßnahmen differenziert. Die entsprechenden Regelwerke sind in Tab. 3.1 zusammenfassend dargestellt.

Die Bewertung der Nachhaltigkeit von Gebäuden beruht nach der DIN EN 15643 auf einem lebenszyklusorientierten Ansatz [1]. Grundsätzlich gilt, dass zur Feststellung der tatsächlichen Qualität eines Gebäudes ausschließlich eine Betrachtung des gesamten Lebenszyklus zielführend ist [2]. Die Lebenszyklusphasen werden durch die DIN EN 15978 standardisiert und sind vereinfacht in Abb. 3.1 dargestellt.

J. Scharke, *Nachhaltige Rückbau- und Entsorgungsplanung,* Entwicklung neuer Ansätze zum nachhaltigen Planen und Bauen, https://doi.org/10.1007/978-3-658-41378-1_3

Tab. 3.1 Übersicht relevanter Regelwerke

Allgemeine Standards
DIN EN 15643: Nachhaltigkeit von Bauwerken – Allgemeine Rahmenbedingungen zur
Bewertung von Gebäuden und Ingenieurbauwerken; Teil 1–5
Berechnungsmethoden
DIN EN 15978: Nachhaltigkeit von Bauwerken – Bewertung der umweltbezogenen Qualität von
Gebäuden – Berechnungsmethode
DIN EN 16309: Nachhaltigkeit von Bauwerken – Bewertung der sozialen Qualität von
Gebäuden – Berechnungsmethoden
DIN EN 16627: Nachhaltigkeit von Bauwerken – Bewertung der ökonomischen Qualität von
Gebäuden – Berechnungsmethoden

Standards zur Produktbeschaffenheit	**Standards zu Rückbaumaßnahmen**
DIN EN 15804: Nachhaltigkeit von Bauwerken – Umweltproduktdeklarationen – Grundregeln für die Produktkategorie Bauprodukte	**DIN 18459:** VOB Vergabe- und Vertragsordnung für Bauleistungen – Teil C: Allgemeine Technische Vertragsbedingungen für Bauleistungen (ATV) – Abbruch- und Rückbauarbeiten
DIN EN ISO 14025: Umweltkennzeichnungen und -deklarationen – Typ 3 Umweltdeklarationen – Grundsätze und Verfahren	**DIN 18007:** Abbrucharbeiten – Begriffe, Verfahren, Anwendungsbereiche
DIN EN 15942: Nachhaltigkeit von Bauwerken – Umweltproduktdeklarationen – Kommunikation zwischen Unternehmen	**DIN SPEC 4866:** Nachhaltiger Rückbau, Demontage, Recycling und Verwertung von Windenergieanlagen
Verordnung (EU) Nr. 305/2011 zur Festlegung harmonisierter Bedingungen für die Vermarktung von Bauprodukten und zur Aufhebung der Richtlinie 89/106/EWG des Rates	**VDI 620:** Abbruch von baulichen und technischen Anlagen
	Baufachliche Richtlinien Recycling (BFR Recycling)

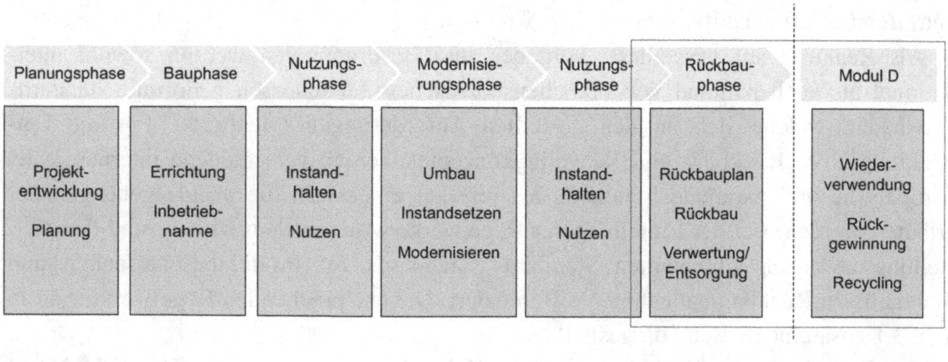

Abb. 3.1 Darstellung der Lebenszyklusphasen. (Eigene Darstellung in Anlehnung an [2])

Die Rückbau- beziehungsweise Entsorgungsphase wird durch die Norm weiter untergliedert in den Abbruch (C1), Transport (C2), die Abfallbewirtschaftung (C3) und die Deponierung (C4). Zusätzlich regelt das Modul D die *„Vorteile und Belastungen außerhalb der Systemgrenzen"* [3], was eine Beschäftigung mit Wiederverwendungs-,

Rückgewinnungs- und Recyclingpotenzial vorsieht. Modul D nimmt im Vergleich zu den übrigen Phasen eine Sonderrolle ein, da dieses extern zum Lebenszyklus ergänzende Informationen zum zukünftigen Ressourcenersatz liefert [3].

Die DIN 18459 wurde ergänzend zur DIN 18299 „Allgemeine Regeln für Bauarbeiten" entworfen und grenzt sich durch den expliziten Bezug auf den teilweisen oder kompletten Abbruch oder Rückbau von der bestehenden Norm ab. Inhalt ist eine Leistungsbeschreibung der durchgeführten Rückbaumaßnahme [4].

In der BFR „Recycling" findet sich ein Leistungsbild für die beim Rückbau erforderlichen Arbeitsschritte. Hierin wird beschrieben, welche Leistungen in den einzelnen Abschnitten zu erbringen sind. Leistungen der Rückbauplanung sind in Anlehnung an die Honorarordnung für Architekten und Ingenieure (HOAI) in den Phasen Grundlagenermittlung/Vorplanung, Entwurfs- und Genehmigungsplanung, Ausführungsvorbereitung und Überwachung und Dokumentation zu erbringen. Beispielsweise ist bereits in der Vorplanungsphase ein objektspezifisches Abfallkataster einschließlich der Einbeziehung möglicher Verwertungs- und Entsorgungsmöglichkeiten aufzustellen. Die Vorgaben aus der baufachlichen Richtlinie dienen in Kap. 4 zur Generierung des benötigten Inputs für das zu entwickelnde Rückbau- und Recyclingkonzept [5].

Novellierungen und der Erlass neuer Gesetze sowie die maßgebenden Trends im Bauwesen führen dazu, dass in regelmäßigen Intervallen bestehende Standards angepasst werden und weitere Maßgaben hinzukommen. Angesichts rasanter gegenwärtiger Entwicklungen ist deshalb vor einer Anwendung der bestehenden Regelwerke kritisch zu hinterfragen, ob diese noch immer Gültigkeit besitzen oder gegebenenfalls eine Abweichung von den Standards notwendig ist. Der Diskurs über die Durchführung eines nachhaltigen Rückbaus hat in den letzten Jahren insbesondere durch die Einführung der DIN SPEC 4866 eine neue Dynamik angenommen. Das Dokument beinhaltet Rahmenbedingungen für den gesamten Rückbauprozess von Windkraftanlagen und kann als Vorbild für andere Branchen angesehen werden, da sich erstmalig ausführlich mit den Nachhaltigkeitskriterien einer Rückbaumaßnahme auseinandergesetzt wurde.

Die Normungsarbeit für das Fachgebiet Circular Economy befindet sich derzeit noch in einem Anfangsstadium der Entwicklung. Zur Standardisierung der Circular Economy erarbeitet das Deutsche Institut für Normung (DIN), der VDI sowie die Deutsche Kommission Elektrotechnik (DKE) derzeit eine Normungsroadmap. Konkretes Ziel ist es, einen Überblick über bestehende Standards zu schaffen und Anforderungen sowie Herausforderungen in anderen Schwerpunktthemen zu identifizieren. Daraus wird anschließend der Bedarf für weitere Normen und Reglements abgeleitet [6].

Grundlage für die weitere Vorgehensweise ist hierbei der überarbeitete Circular Economy Action Plan der Europäischen Union (EU) von 2020, der eine Ausweitung der Kreislaufwirtschaft anstrebt. Als eine der zentralen Produktwertschöpfungsketten ist dem Bereich „Bauwirtschaft und Gebäude" ein gesonderter Abschnitt gewidmet. Hinsichtlich eines nachhaltigen Ressourcenumgangs wird die EU-Bauproduktenverordnung als zentrales Steuerungsinstrument hervorgehoben. Gleichzeitig findet die mögliche Einführung von neuen Anforderungen an den Rezyklatanteil für Bauprodukte Erwähnung [7].

Es gibt folglich erkennbare Tendenzen, die Standardisierung der Kreislaufwirtschaft perspektivisch auszuweiten. Für die Festlegung von charakteristischen Kriterien für ein ökologisches und ökonomisches Rückbau- und Recyclingkonzept bilden die genannten und ausstehenden Standards eine essenzielle Grundlage, da auch Bewertungs- und Zertifizierungssysteme diese als technische und wissenschaftliche Basis aufgreifen. Insbesondere der lebenszyklusorientierte Ansatz wird in der Bewertung- und Zertifizierung durch bestehende Systeme aufgegriffen.

3.2   Bewertungs- und Zertifizierungssysteme

Um den komplexen Herausforderungen zu begegnen, die sich aus dem Leitprinzip der Nachhaltigkeit ergeben, wurden internationale und nationale Bewertungs- und Zertifizierungssysteme entwickelt [8]. Diese dienen als Unterstützung bei der praktischen Umsetzung von Bauvorhaben und sind prozessbegleitend über die Lebenszyklusphasen anwendbar. In Deutschland werden aus dem Leitfaden „Nachhaltiges Bauen" des Bundesministeriums für Umwelt, Naturschutz, Bau und Reaktorsicherheit (BMUB) allgemeine Schutzgüter und -ziele abgeleitet [2]. Die Kriterien zielen auf eine ganzheitliche Berücksichtigung aller drei Nachhaltigkeitsdimensionen Ökologie, Ökonomie und Soziokulturelles ab. Der Leitfaden definiert Qualitäten eines nachhaltigen Bauens, auf denen sich die nationalen Bewertungssysteme stützen. Im Zuge dieser Arbeit werden priorisiert die Bewertungskriterien der in Abschn. 3.1 erläuterten Lebenszyklusphasen C und D vorgestellt, da diese bereits Anforderungen an die Entwicklung eines Rückbau- und Recyclingkonzeptes stellen. Im Anschluss werden im Detail die Kriterien der beiden nationalen Systeme des Bundesministeriums für Verkehr, Bau und Stadtentwicklung (BMVBS) und der Deutschen Gesellschaft für Nachhaltiges Bauen (DGNB) untersucht, die sich in Deutschland vorrangig als Zertifizierungssysteme etabliert haben.

3.2.1   Bewertungssystem Nachhaltiges Bauen

Das Bewertungssystem Nachhaltiges Bauen (BNB) ist spezialisiert auf Bedürfnisse und Anforderungen aus öffentlichen Baumaßnahmen und wird vorwiegend als Planungsinstrument eingesetzt [9]. Das BNB basiert auf den Anforderungen, die der Leitfaden für nachhaltiges Bauen formuliert und transformiert diese in *„eine Struktur von Bewertungskriterien und Bewertungsmaßstäben"* [2]. Durch eine lebenszyklusorientierte Betrachtung stellt das BNB einen allgemeingültigen Bewertungsmaßstab für alle Projektbeteiligten dar. Zur Bewertung der Objektqualität werden die Nachhaltigkeitsqualitäten sowie die Querschnittsqualitäten (technische Qualität und Prozessqualität) jeweils in eine Hauptkriteriengruppe zusammengefasst [10]. Zusätzlich zur Bewertung der Objektqualität werden projektspezifische Standortmerkmale betrachtet. Dese gehen jedoch nicht wertend in das Gesamtergebnis ein und dienen lediglich als zusätzliche

Informationen, da sie nur in geringem Maße beeinflussbar sind [9]. Jede Hauptkriterien-gruppe wird anhand von Einzelkriterien quantitativ abgebildet. Die Bewertung ergibt sich aus der *„[...] Vergabe von Bewertungspunkten nach festgelegten Regeln"* [2]. Der Einsatz des Systems sieht eine nutzungsspezifische Einteilung von Gebäudetypen in sogenannte Systemvarianten vor, die nachfolgend aufgelistet sind [9]:

- Büro- und Verwaltungsgebäude – Neubau (BNB_BN 2015)
- Büro- und Verwaltungsgebäude – Bestand/Komplettmodernisierung (BNB_BK 2017)
- Außenanlagen von Bundesliegenschaften (BNB_AA 2016)
- Unterrichtsgebäude – Neubau (BNB_UN 2017)
- Laborgebäude – Neubau (BNB_LN 2014)

Die Hauptkriteriengruppe zur Wertung der technischen Qualität integriert unter Punkt 4.1.4 das Einzelkriterium Rückbau, Trennung und Verwertung. Angesichts der Ziel-setzung wird dieses exemplarisch für die Systemvariante Büro- und Verwaltungsgebäude im Detail betrachtet. Das Einzelkriterium formuliert in Anlehnung an das KrWG *„[...] die Einsparung von Deponieraum, Rohstoffen und Produktionsenergie"* [11] als Ziel-setzung. Die Rückbau- und Recyclingfähigkeit des Gebäudes wird auf Bauteilebene bewertet, weshalb das Kriterium eine Ermittlung der Flächen- und Massenanteile voraussetzt. Bewertungspunkte sind die Rückbaufähigkeit, die Sortenreinheit und die Verwertung, welche im Verhältnis 3:3:4 zu einem bauteilbezogenen Recyclingfaktor zusammengefasst werden. Die Bewertungspunkte sind in Tab. 3.2 mit deren Definition und Zielsetzung ausgeführt [11].

Aufwertend wirken sich insbesondere vorhandene Rücknahme- und Recycling-systeme der Produkthersteller und ausgeprägte Recyclingkonzepte aus, während eine Verunreinigung der Fraktionen, heterogene Baukonstruktionen und schwer zu trennende Verbundkonstruktionen eine Abwertung der Baukonstruktion bedeuten [11]. Das Kriterium ist limitiert auf eine Bewertung der Baukonstruktion und verzichtet derzeit auf die Einbeziehung haustechnischer Anlagen. Auf das Gesamtergebnis geht das Haupt-kriterium der technischen Qualität mit einem Einfluss von 22,5 % ein [11]. Dement-sprechend hat die Bewertung des Rückbaus auf die Gesamtheit betrachtet anteilig nur einen vergleichsweisen geringen Stellenwert.

Tab. 3.2 Bewertungspunkte Rückbau BNB. (Eigene Darstellung in Anlehnung an [11])

Bewertungspunkte	Definition	Ziel
1. Rückbaufähigkeit	Aufwand, der für Demontage eines Bauteils nötig ist	Einfache Rückbaubarkeit
2. Sortenreinheit	Aufwand, der für sortenreine Trennung mehrschichtiger /inhomogener Bauteile anfällt	Hohe Sortenreinheit
3. Verwertung	Möglichkeit eines qualitativen Recyclings	Gute Wiederverwertbarkeit der Ausgangsmaterialien

3.2.2   Deutsche Gesellschaft für Nachhaltiges Bauen

Als Pendant zum BNB, welches die Beurteilung von öffentlichen Baumaßnahmen fokussiert, liegt der Schwerpunkt der DNBG auf der Zertifizierung von privaten Bauvorhaben. Grundlegender Unterschied zum BNB ist eine Ausweitung der Systemvarianten, sodass eine spezifischere Anwendung für verschiedene Gebäudearten möglich ist. Nach der DGNB lassen sich folglich eine Vielzahl von Nutzungen zertifizieren. Für diese Arbeit ist unter anderem die Bewertung von Verbrauchermärkten relevant, die sich aufgrund des hohen Energie- und Medienverbrauchs von anderen Varianten unterscheiden [12]. Das DGNB System orientiert sich ebenfalls an dem Paradigma der Ganzheitlichkeit und differenziert bei der Bewertung in die identischen Hauptkriteriengruppen wie das BNB. Bei der Bewertung des DGNB wirkt sich zudem die Standortqualität indirekt auf das Gesamtergebnis aus [8].

Parallel zum BNB wird der Rückbau auch beim DGNB im Rahmen der Gesamtbewertung von Neubau- und Bestandsgebäuden unter dem Einzelkriterium TEC 1.6 „Rückbau- und Recyclingfreundlichkeit" berücksichtigt. Dieses weist in den Kriterien und Bewertungspunkten jedoch Unterschiede zum Einzelkriterium 4.1.4 des BNB auf. Die Bewertung erfolgt anhand der in Tab. 3.3 dargelegten Indikatoren Recyclingfreundlichkeit, Rückbaufreundlichkeit und der Berücksichtigung der Rückbaubarkeit, Umbaubarkeit und Recyclingfreundlichkeit in der Planung.

Zusätzlich zu den bereits genannten Bewertungspunkten nennt das Einzelkriterium TEC 1.6 einen weiteren Aspekt, der in der Planung der EoL-Phase zu berücksichtigen ist. Hersteller sollten im Sinne der Produktverantwortung die Erfüllung der aus den Qualitätsstufen resultierenden Anforderungen bestätigen und Rücknahmeverpflichtungen oder Nachweisverfahren eingeführt werden [13]. Damit werden diese ausdrücklich in die Pflicht genommen, ergänzend zu den Maßnahmen des Nutzers selbstständige Lösungsvorschläge für eine hochwertigere Verwertung zu liefern.

Tab. 3.3 Bewertungspunkte Rückbau DGNB. (Eigene Darstellung in Anlehnung an [13])

Bewertungspunkte	Definition	Ziel
1. Recyclingfreundlichkeit	Orientierung am aktuellen Verwertungsweg des Baustoffes	Wiederverwendung, Wiederverwertung oder Vermeidung von BA
2. Rückbaufreundlichkeit	Demontagemöglichkeit und Trennbarkeit von Baukonstruktionen	Einfache Demontage und möglichst sortenreine Stoffgruppen
3. Rückbaubarkeit, Umbaubarkeit und Recyclingfreundlichkeit in der Planung	Anwendung recycling- und rückbauorientierter Methoden in der Planung	Einsatz von Methoden in frühen Planungsphase (Leistungsphasen (LP) 4–5) zur Optimierung der Ressourceneffizienz

Zusätzlich zu der Zertifizierung des Rückbaus im Kontext des Gebäudeneubaus oder einer Sanierung vergibt das DGNB unter der Bezeichnung „DGNB System – Kriterienkatalog Rückbau" ein gesondertes, einzig den Rückbau bewertendes Zertifikat. Der Kriterienkatalog Rückbau differenziert abermals in die genannten Hauptkriteriengruppen und bewertet den Rückbauprozess hinsichtlich zwölf Bewertungspunkten [14]. Dadurch erhält der Nutzer eine qualitative Beurteilung des Rückbauprojektes nach den einzelnen Nachhaltigkeitsdimensionen und Querschnittsqualitäten. Die Bewertung regt wiederum an, vorgreifend geeignete Maßnahmen zu initiieren.

Tab. 3.4 beinhaltet eine Aufzählung von den im Rahmen dieser Arbeit betrachteten Qualitätskriterien des Rückbaukriterienkatalogs. Explizit handelt es sich hierbei um die ökologische, ökonomische und technische Qualität. Die Kriterien des Rückbaus können universell auf die bestehenden Systemvarianten angewendet werden [15]. Grundlegend kann festgehalten werden, dass mit dem Rückbauzertifikat des DGNB bereits ein adäquates Arbeitsmittel und Verfahren besteht, um Rückbaumaßnahmen nach nachhaltigen Gesichtspunkten zu bewerten. Allerdings ist auf Projektebene von den Planern zu prüfen, welche Maßnahmen notwendig werden, um die Kriterien zu erfüllen. Die Bewertung bezieht sich weiterhin lediglich auf einen kompletten Rückbau der Gebäudesubstanz. Es bedarf in der Konsequenz einer Anpassung der Bewertungsmaßstäbe auf den zugrunde liegenden Umfang der Umbaumaßnahme, der bei der Substitution innenarchitektonischer Gestaltungselemente zu erwarten ist. Dies kann dementsprechend den Wegfall oder die Konfiguration bestehender Kriterien sowie unter Umständen eine Erweiterung um neue Bewertungspunkte bedeuten. Als Vorbild kann diesbezüglich die Bewertungsmethodik des BNB dienen, welche durch die Bildung des bauteilbezogenen Recyclingfaktors bereits eine Bewertung auf granularer Ebene vorsieht.

3.3 Veröffentlichungen

Die vorgestellten Bewertungs- und Zertifizierungssysteme liefern ein Grundgerüst, das bei der Konzeption eines Rückbau- und Recyclingkonzeptes angewendet werden kann. Allerdings werden nur bezüglich einzelner Kriterien konkrete Maßnahmen genannt, die zum Erreichen der jeweiligen Anforderungen führen. Gleichzeitig bezieht sich die Bewertungsmethodik der DGNB stets auf die Gesamtperformance eines Gebäudes. Die Zielsetzung der Arbeit bezieht sich jedoch explizit auf die Rückbau- und die Recyclingfreundlichkeit auf Bauteilebene, weshalb eine Anpassung der Kriterien auf den Rückbau innenarchitektonischer Gestaltungselemente notwendig wird. Abschn. 4.2.1 beschreibt den zugrunde liegenden Umbauumfang umfassend. Die Zertifizierungssysteme sind zudem nur bedingt in der Lage, auf die speziellen Anforderungen des Einzelhandels einzugehen. Zwar zertifiziert die DGNB bereits die Systemvariante Verbrauchermärkte beim Neubau, es mangelt jedoch an einer hinreichenden Systematik zur Bewertung des spezifischen Rückbauprozesses. Das Ableiten von entsprechenden Maßnahmen in der Konzepterstellung bedarf einer Auseinandersetzung mit bestehenden Arbeiten aus

Tab. 3.4 Auszug aus DGNB Rückbau Kriterienkatalog. (Eigene Darstellung in Anlehnung an [14])

Qualitätsstufe	Kriterien	Anteil an Bewertung in [%]	Bewertungspunkte
Ökologische Qualität	ENV1-R Materialstrombilanz	12	• Bilanz der Materialströme • Optimierung der Transportent-fernungen
	ENV2-R Gefahrstoffsanierung	8	• Baudiagnose Gefahrstoffe • Gefahrstoffsanierungskonzept • Umsetzung Gefahrstoffsanierungskonzept
Ökonomische Qualität	ECO1-R Risikobewertung und Kostensicherheit	14	• Schätzung der Rückbaukosten • Risikoanalyse und -bewertung • Transparentes Nachtragsmanagement
	ECO2-R Werte ausbaufähiger Ressourcen	6	• Inventar potenziell ausbaufähiger Bauteile und Bauprodukte, Einbauten und Möbel • Bewertung des Inventars • Suche nach Abnehmern • Verpflichtung durch Abnehmer
Technische Qualität	TEC1-R Verwertung und Ent-sorgung	8	• Aufzeigen der Verwertungs- und Ent-sorgungswege • Optimierung der Verwertungs- und Entsorgungswege
	TEC2-R Sortenreine Trennung und Kreislaufführung	12	• Kontrolle der sortenreinen Trennung; • Aufbereitung und Verwertung vor Ort und nahebei • Wiederverwendung

der Forschung, welche die nachhaltige Organisation des Rückbaus und der Entsorgung vertiefen. Die folgenden Forschungsansätze greifen zum Teil die genannten Problemstellungen auf und dienen gemeinsam mit den modifizierten Kriterien des DGNB als Grundlage zur Entwicklung des Rückbau- und Recyclingkonzeptes. Im Fokus steht dabei nicht allein der Rückbau, sondern auch die Integration neuer Modelle der Kreislaufwirtschaft in Unternehmen, die Prämisse für einen einheitlichen und nachhaltigen Verwertungsweg sind. Die Auswertung erfolgt zunächst durch eine Beschreibung von Zielsetzung und Vorgehensweise der Veröffentlichungen. Anschließend werden die Inhalte dahingehend untersucht, ob hinsichtlich der Zielsetzung der vorliegenden Ausarbeitung Methoden übernommen werden können.

Schmitt, J. C.; Hansen, E. G. (2022) [16]

Zielsetzung

Bei der Umsetzung einer Kreislaufwirtschaft sind Unternehmen mit Unsicherheiten konfrontiert, die eine zielführende Integration neuer Innovationsansätze behindern. Das Forschungsprojekt Cradle-to-Cradle Innovationsprozesse hat zum Ziel, Unternehmen bei der Implementierung einer auf Cradle-to-Cradle basierenden Kreislaufwirtschaft zu unterstützen und das Vorgehen bei der Entwicklung von Cradle-to-Cradle Produkten zu erleichtern. Durch die Betrachtung exemplarischer Vorgehensweisen von Unternehmen bei der Umsetzung von Cradle-to-Cradle Innovationsprozessen wurden Referenzen gebildet, die sich gezielt auf andere Unternehmen adaptieren lassen.

Vorgehensweise

Im Rahmen der Fallstudie wurde die Umsetzung von Innovationsprozessen in drei Pionierunternehmen untersucht. Grundlage für das Verständnis bildeten dabei 65 Interviews mit Vertretern der Forschungspartner sowie mit Lieferanten und Partnerfirmen. Des Weiteren wurden Analysen auf Basis von Unternehmensberichterstattungen und Medienartikel analysiert sowie Vorträge der Unternehmen bei Veranstaltungen verfolgt. Speziell untersucht wurden die Unternehmen gugler DruckSinn, Werner & Metz und Wolford. Der Innovationsprozess wird durch die Forschung grundlegend in die Abschnitte neues Wissen identifizieren, neues Wissen verarbeiten und neues Wissen anwenden unterteilt. Von den Autoren wurden entlang des Prozesses phasenspezifisch Praktiken erhoben, die aufzeigen, wie sich der Innovationsprozess in den vorgestellten Unternehmen gestaltete. Als wesentliche Hemmnisse für Kreislaufinnovationen wird die mangelnde Marktverfügbarkeit von kreislauffähigen Produkten und bestehende Liefer- und Produktionsstrukturen an. Eine Anpassung der Wertschöpfungskette wird in diesem Zusammenhang als wichtige Voraussetzung für eine Kreislaufwirtschaft genannt.

Die Arbeit betont zudem die Wichtigkeit unternehmensinterner Promoter, die eine Umsetzung der Kreislaufwirtschaft vorantreiben und sich in engem Austausch mit anderen Akteuren entlang der Wertschöpfungskette befinden. Der Innovationsprozess wird abschließend in Form eines Modells zusammengefasst, das die wichtigsten Abläufe und Beziehungen darstellt.

Anwendbare Methodik

Die Arbeit unterstreicht die Wichtigkeit der Analyse bestehender Prozesse und Materialien innerhalb von Unternehmen vor der Innovation neuer Kreislaufmodelle. Der Aspekt der unternehmensinternen Grundlagenermittlung wird in der Entwicklung des Konzeptes aufgegriffen. Das Schließen von Produktkreisläufen wird folglich bedingt durch die Zusammenarbeit der in den Prozessstufen beteiligten Akteuren. Diese Tatsache wird in der vorliegenden Arbeit hervorgehoben. Da sich eine Kreislaufführung von Produkten immer auch auf den Rückbauprozess als solchen auswirkt sowie für dessen Ablauf mitbestimmend ist, muss sich simultan mit beiden Forschungsfeldern beschäftigt werden. Die Arbeit liefert außerdem Ansätze, wie Informationsbarrieren und Unsicherheiten im Umgang mit Innovationsprozessen minimiert werden können, sodass diese dynamische Wirkung entfalten. Die Ansätze müssen ebenfalls bei der Entwicklung eines kreislauffähigen Rückbaukonzeptes berücksichtigt werden.

Schwede, D.; Störl, E. (2017) [17]

Zielsetzung

Das Forschungsvorhaben wurde im Rahmen der Robert-Bosch-Juniorprofessur „Nachhaltiges Bauen" an der Universität Stuttgart durchgeführt und zielt darauf ab, die Kreislauffähigkeit von Bauwerken für das Szenario des EoL bereits in der Planung sicherzustellen. Es wird im Zuge dessen eine Methode entwickelt, welche eine Bewertung der Rezyklierbarkeit von Baukonstruktionen als Ganzes ermöglichen soll. Als Problemstellung wird angeführt, dass derzeit überwiegend die einzelnen Materialien auf deren Verwertungswege untersucht werden. Dabei werden jedoch Fügetechniken und Fügeprinzipien nur rudimentär einbezogen, obwohl diese die Verwertung ebenfalls maßgeblich beeinflussen. Die entwickelte Methode lässt durch die Aufnahme der Fügebeziehung eine vollumfängliche Bewertung von Baukonstruktionen beziehungsweise Bauteilen zu.

Vorgehensweise

Die erarbeitete Methode basiert auf einer Beschreibungssystematik, die eine Einordnung und Bewertung von Materialelementen und deren Verbindungen ermöglichen soll. Bauteilaufbauten werden dabei in Recyclinggraphen vereint, welche sowohl die Materialien als auch die Verbindungen zwischen den Materialien repräsentieren. Zudem werden die Baukonstruktionen in einer Fügematrix dargestellt, die eine Bewertung der Konstruktion hinsichtlich Demontierbarkeit, Modularität und Verträglichkeit der Materialien zulässt.

Anschließend wurden für die Verwertung der Materialien und die Verbindungen zusätzliche Bewertungskriterien aufgestellt, anhand derer eine noch präzisere Einordnung möglich ist. Als Bewertungskriterien für die Materialelemente formuliert die Arbeit den Herstellungsenergieaufwand, die Rezyklierbarkeit, die Möglichkeit der thermischen Ablagerung und die thermische Verwertbarkeit. Materialpaare und Fügeprinzip werden in diesem Zuge nach Lösbarkeit und Verträglichkeit bewertet. Auf Grundlage der Bewertung soll bereits in der Planung durch die Auswahl zutreffender Materialien und Verbindungen die Prozessführung beim Rückbau zu späterem Zeitpunkt abgeleitet werden. Abb. 3.2 zeigt den exemplarischen Aufbau einer Fügematrix bei einer Bauteilzusammensetzung aus acht Materialkomponenten. Die Bewertung der Fügeprinzipien erfolgt in Anlehnung an die DIN-Normen 8580 [18] und 8593 [19].

Anwendbare Methodik

Ursprünglich ist die Methode der vorliegenden Arbeit auf die Anwendung in der Planungs- beziehungsweise Konzeptionsphase ausgerichtet. Allerdings ist auch

Abb. 3.2 Fügematrix nach *Schwede und Störl*. (Eigene Darstellung in Anlehnung an [17])

	M1	M2	M3	M4	M5	M6	M7	M8
M1	▓							
M2		▓						
M3			▓					
M4				▓				
M5					▓			
M6						▓		
M7							▓	
M8								▓

eine Einbeziehung während einer rückwärtigen Auseinandersetzung mit verbauten Komponenten denkbar. Beispielsweise kann im Rahmen der Materialanalyse, welche Bedingung eines nachhaltigen Rückbauprozesses ist, die Fügematrix zur Ermittlung und Darstellung der Fügebeziehungen und Materialien eingesetzt werden. Auf der Material- analyse und der Bewertung fußt anschließend die Prozessführung beim Rückbau, wes- halb die Methode für die Entwicklung eines Rückbaukonzeptes erhöhte Relevanz besitzt.

John, V.; Stark, T. (2021) [20]

Zielsetzung
Ausgemachtes Ziel des Forschungsprojektes RE-USE war die Etablierung einer Organisationsstruktur für die Wieder- und Weiterverwendung von Bauteilkomponenten im Hochbau auf Ebene des Landkreises Konstanz. Dazu wurde das Unterziel verfolgt, Hemmnisse und Potenziale für eine systematische Wieder- und Weiterverwendung zu identifizieren. Außerdem wurde geprüft, inwiefern durch lokale Maßnahmen beim Rückbau eine Qualitätssteigerung des Prozesses herbeigeführt werden kann. Die Arbeit versucht somit eine umfassende Bewertungsgrundlage bezüglich Wieder- und Weiterver- wendung im regionalen Kontext zu schaffen.

Vorgehensweise
Die Projektstruktur basiert auf vier wissenschaftlichen Methoden, die während des gesamten Projektzeitraums parallel angewandt wurden. In erster Instanz wurde eine Analyse relevanter Akteure, der Organisationsstrukturen, der Abfall- und Entsorgungs- logistik sowie der Material- und Stoffströme durchgeführt. Hierfür wurden Beteiligte identifiziert und parallel der Aufbau eines lokalen Partnernetzwerkes angestoßen. Die Struktur wurde in einer Übersichtskarte visualisierend festgehalten. Die unternommenen Nachforschungen dienten dem Ziel, ein Pilotprojekt im Raum Konstanz zu realisieren, dass ausschließlich aus Rückbaukomponenten aufgebaut ist. Im zweiten Forschungs- strang erfolgte eine wissenschaftliche Begleitforschung, die Voraussetzungen für die

Realisierung des Pilotprojektes war. Anschließend wurde ein exemplarisches Bestands-gebäude auf dessen Rückbaufähigkeit untersucht mit dem Ziel, durch umfassende Beteiligung der Akteure eine Sensibilisierung und einen Perspektivwechsel für die zugrundliegende Thematik zu erreichen. Der vierte Forschungsstrang zielte auf eine Zusammenfassung der Ergebnisse ab.

Anwendbare Methodik
Die Arbeit besitzt insofern Relevanz, dass sich intensiv mit den Auswirkungen des Standortes und den damit verbundenen Abhängigkeiten auf den Rückbauprozess beschäftigt wurde. Eine Wiederverwendung von Abfällen ist nach dem KrWG vorzugs-weise anzustreben, weshalb neue Ansätze für eine Umsetzung auch für die vorliegende Arbeit als Vorbild dienen. Eine Identifikation der Akteure sowie eine Auseinandersetzung mit vorherrschenden Organisationsstrukturen wird im Forschungsprojekt als Quintessenz für weitere Nachforschungen verstanden. Die Entwicklung oder Weiterentwicklung eines Rückbau- und Entsorgungsansatzes erfordert demzufolge eine Bestandsaufnahme der Einflussfaktoren. Die Arbeit liefert durch die Strukturierung der Akteure in einer Über-sichtskarte sowie deren aktive Beteiligung am Projekt bereits erste Lösungsansätze für eine ganzheitliche Vernetzung über die einzelnen Lebenszyklusphasen.

Etzel, E. (2020) [21]

Zielsetzung
Im Mittelpunkt der Dissertation von *Etzel* steht die Anwendung von Cradle-to-Cradle Prinzipien im Kontext privatrechtlicher Einzelhandelsgebäude. Die Forschung zielt auf eine Potenzialanalyse bezüglich eines umweltverträglichen Designs von Bauelemente ab und untersucht neben dem klassischen Erwerb von Bauprodukten alternative Geschäfts-modelle wie beispielsweise Rücknahmevereinbarungen und Mietkonzepte. In diesem Zusammenhang wird zugleich der Nutzen für die Anspruchsgruppen in der Einzel-handelsbranche betrachtet. Grundsätzlich soll durch den Einsatz des Cradle-to-Cradle Prinzips eine neue Qualität der Nachhaltigkeit erschaffen werden.

Vorgehensweise
Im ersten Schritt der Bearbeitung wurde die Zielsetzung im wissenschaftlichen Diskurs eingeordnet sowie Begriffe und Prozesse definiert und erklärt. Darauf aufbauend erfolgte eine Grundlagenermittlung, die sich aus zwei unterschiedlichen Bestandsaufnahmen zusammensetzte. Zuerst wurde identifiziert, inwieweit bereits Cradle-to-Cradle Bau-produkte existieren und in der Einzelhandelsbranche Anwendung finden. Anschließend wurde anhand eines Fallbeispiels untersucht, welche Baukonstruktionen im Gebäude verbaut sind und welche Ansätze sich für eine Nutzung von Cradle-to-Cradle finden lassen. Schwerpunkt der darauffolgenden Untersuchungen waren zum einen die explizite Umsetzung von Cradle-to-Cradle Prinzipien im Einzelhandel und zum anderen die

Auseinandersetzung mit alternativen Geschäftsmodellen, die im Sinne einer nachhaltigen Qualitätssteigerung ebenfalls Relevanz besitzen. Bei den alternativen Geschäftsmodellen wird zwischen einer möglichen Rücknahmevereinbarung, einem Mietkonzept, einer Zweitnutzung oder einer Dienstleistung differenziert.

Anhand von Experteninterviews wurde zudem ein Stimmungsbild beteiligter Akteure erzeugt, sodass sich eine Aussage bezüglich der Bedürfnisse der Anspruchsgruppen treffen lässt. Die Arbeit betont die Wichtigkeit einer frühzeitigen Auseinandersetzung mit der Kreislaufführung verwendeter Bauprodukte. Es wird deutlich, dass Unternehmen im Einzelhandel bereits Maßnahmen einleiten, diese allerdings umfassend vor dem Hintergrund der Wirtschaftlichkeit reflektieren. Speziell die Ökonomie wird als charakteristische Triebfeder angeführt, die über den Erfolg einer Implementierung von nachhaltigen Kreislaufansätzen entscheidet. Abschließend wurden die gewonnenen Erkenntnisse in einer Handlungsempfehlung konsolidiert und der weitere Forschungsbedarf aufgezeigt.

Anwendbare Methodik
Insbesondere die Einbeziehung der Anspruchsgruppen und die Identifikation von Besonderheiten und Bedürfnissen im Einzelhandel, die von *Etzel* erarbeitet wurden, werden in Abschn. 4.2.2 aufgegriffen und spezifiziert. Außerdem wird wiederholt die Notwendigkeit einer frühen Auseinandersetzung mit einer möglichen Kreislaufführung angesprochen, um vielversprechende Erfolge zu erzielen. Die Vorstellung und Analyse der zusätzlichen Geschäftsmodelle liefern darüber hinaus weitere branchenspezifische Ansätze, die in der Entwicklung des Rückbaukonzeptes Einzug erhalten.

3.4 Auswertung

Die Analysen des Stands der Technik und der Stand der Forschung geben Antwort auf die eingangs formulierte Fragestellung, ob bereits ein ökologisches und ökonomisches Rückbau- und Recyclingkonzept für den Einzelhandel existiert.

Das Zertifizierungssystem der DGNB gibt für die Prozessführung beim Rückbau bereits genaue Maßstäbe vor, inwiefern Anforderungen aus den nachhaltigen Dimensionen umzusetzen sind. Die Bewertungskriterien dienen folglich als gute Grundlage, um rückbauspezifische Maßnahmen einzuleiten und die Erfüllung der Qualitätsstufen zu erreichen. Allerdings müssen für eine Anwendung in der vorliegenden Situation die Kriterien einer genaueren Untersuchung und Weiterentwicklung unterzogen werden. Gleichzeitig setzt die Entwicklung eines nachhaltigen Recyclingkonzeptes die Implementierung neuer Kreislaufmodelle voraus. Beispiele für diese wurden in Abschn. 3.3 vorgestellt. Der Stand der Forschung benennt auf das EoL bezogen mehrere Lösungen, um ein Handeln im Sinne der beschriebenen Nachhaltigkeitsstrategien zu erreichen. Für den Einzelhandel gilt es zu prüfen, welche Ansätze im Detail einen Erfolg versprechen sowie die dafür notwendigen Maßnahmen zu identifizieren. Es wird

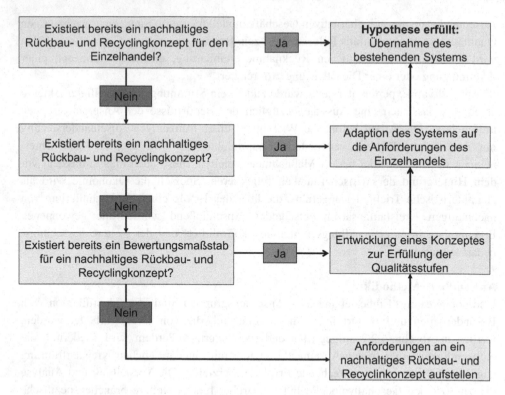

Abb. 3.3 Gang der Untersuchung von Stand der Technik und Forschung

abschließend konstatiert, dass teilweise bereits Möglichkeiten für die Konzeptent-
wicklung eines Rückbau- und Recyclingkonzeptes bestehen. Allerdings bedarf eine
Anwendung in der Praxis der Konsolidierung der vorgegebenen Maßnahmen in einem
Konzept, dass sich spezifisch auf die Anforderungen und Besonderheiten des Einzelhandels bezieht. Die Umsetzung der notwendigen Handlungsschritte wird im folgenden
Kapitel untersucht. Abb. 3.3 stellt die Vorgehensweise bei der Auswertung und die
daraus folgenden Handlungsschritte dar. Die Systematik stützt sich dabei auf das gängige
Bottom-Up-Prinzip, dass eine Untersuchung von speziellen hin zu allgemeinen Ansätzen
beinhaltet.

Literatur

1. DIN EN 15643 (2021) Nachhaltigkeit von Bauwerken – Allgemeine Rahmenbedingungen zur
   Bewertung von Gebäuden und Ingenieurbauwerken; Teil 1–5. Beuth, Berlin.
2. Bundesministerium des Innern, für Bau und Heimat (2019) Leitfaden Nachhaltiges Bauen.
3. DIN EN 15978 (2012) Nachhaltigkeit von Bauwerken – Bewertung der umweltbezogenen
   Qualität von Gebäuden – Berechnungsmethode. Beuth, Berlin.

4. DIN 18459 (2016) VOB Vergabe- und Vertragsordnung für Bauleistungen – Teil C: All- gemeine Technische Vertragsbedingungen für Bauleistungen (ATV) – Abbruch- und Rückbau- arbeiten. Beuth, Berlin.

5. Bundesministerium des Innern, für Bau und Heimat (2018) Baufachliche Richtlinie Recycling, Berlin.

6. DIN e. V. (2022) Normungsroadmap Circular Economy. Online verfügbar unter https://www. din.de/de/forschung-und-innovation/themen/circular-economy/normungsroadmap-circular- economy/normungsroadmap-circular-economy-801630, 19.07.2022.

7. Europäische Kommission (2020) Mitteilung der Kommission an das europäische Parla- ment, dem Rat, den europäischen Wirtschafts- und Sozialausschuss und den Ausschuss der Regionen: Ein neuer Aktionsplan für die Kreislaufwirtschaft. Brüssel.

8. Koschlik, M. (2019) Verfahren zur ganzheitlichen Nachhaltigkeitsintegration bei öffentlichen Baumaßnahmen im In- und Ausland. Dissertation. Universität der Bundeswehr München, München.

9. Bundesministerium des Inneren, für Bau und Heimat (2020) Bewertungssystem Nachhaltiges Bauen (BNB). Online abrufbar über https://www.bnb-nachhaltigesbauen.de/bewertungs- system.html (19.07.2022).

10. Vogel, V. (2016). Zertifizierung im Bauwesen. In: Friedel, R., Spindler, E. (eds) Zertifizierung als Erfolgsfaktor. Springer Gabler, Wiesbaden.

11. Bundesministerium des Inneren, für Bau und Heimat (2015) Bewertungssystem Nachhaltiges Bauen (BNB) Büro- und Verwaltungsgebäude: Kriterium Rückbau, Trennung und Ver- wertung. Online abrufbar unter https://www.bnb-nachhaltigesbauen.de/fileadmin/steckbriefe/ verwaltungsgebaeude/neubau/v_2015/BNB_BN2015_414.pdf (20.07.2022).

12. Deutsche Gesellschaft der Nachhaltigkeit (2022a) Handelsbauten. Online abrufbar unter https://www.dgnb-system.de/de/gebaeude/handelsbauten/ (20.07.2022).

13. Deutsche Gesellschaft der Nachhaltigkeit (2018) Kriterienkatalog Gebäude Neubau: TEC 1.6 Rückbau- und Recyclingfreundlichkeit.

14. Deutsche Gesellschaft der Nachhaltigkeit (2022b) Übersicht aller Kriterien für Gebäude Rückbau. Online abrufbar unter https://www.dgnb-system.de/de/gebaeude/rueckbau/kriterien/ (21.07.2022).

15. Deutsche Gesellschaft der Nachhaltigkeit (2022c) DGNB System für Gebäuderückbau. Online abrufbar unter https://www.dgnb-system.de/de/gebaeude/rueckbau/ (21.07.2022).

16. Schmitt, J. C.; Hansen, E. G. (2022). Cradle-to-Cradle-Innovationsprozesse gestalten: erfolg- reiche Produktentwicklung in der Circular Economy. Johannes-Kepler-Universität Linz.

17. Schwede, D. Störl, E. (2017): Methode zur Analyse der Rezyklierbarkeit von Bau- konstruktionen. In: Bautechnik 94 (1), S. 1–9.

18. DIN 8580 (2003) Fertigungsverfahren: Begriffe, Einteilung. Beuth, Berlin.

19. DIN 8593 (2003) Fertigungsverfahren Fügen, Teil 0–8. Beuth, Berlin.

20. John, V.; Stark, T. (2021) Wieder- und Weiterverwendung von Baukomponenten (RE-USE). BBSR-Online-Publikation, Bonn.

21. Etzel, E. (2020) „Der Einzelhandelsladen der Zukunft" Kann durch Cradle to Cradle eine neue Qualität der Nachhaltigkeit für Gebäude des Einzelhandels erreicht werden?. Dissertation. Leuphana Universität Lüneburg, Lüneburg.

Entwicklung eines kreislauffähigen Rückbaukonzeptes

4.1 Methodik

Unter einem Konzept wird gemäß Duden *„ein klar umrissener Plan"* beziehungsweise ein *„Programm für ein Vorhaben"* oder aber ein *„skizzenhafter, stichwortartiger Entwurf"* [1] verstanden. Ein Konzept erhebt somit nicht zwangsläufig den Anspruch auf Vollständigkeit, sondern kann ebenso lediglich als erste Orientierung dienen, auf welche Weise eine Problemstellung angegangen wird. In der Informationstechnik wird ein Konzept genutzt, um das Vorgehen bei der Entwicklung zu beschreiben, das später die Grundlage für die Projektplanung ist. Es liefert folglich den erforderlichen Input, welcher für die Realisierung des eigentlichen Projekts notwendig ist [1]. Im Kontext der vorliegenden Arbeit dient das Konzept ebenfalls dazu unter Berücksichtigung der Rahmenbedingungen, dass grundlegende Vorgehen bei der Umsetzung eines kreislauffähigen Rückbaus im Einzelhandel zu strukturieren. Gleichzeitig sollen Maßnahmen zum Erreichen des geforderten ökologischen, ökonomischen und technischen Qualitätsniveaus abgeleitet werden. Aus Gründen der Übersichtlichkeit bietet sich an, verschiedene Maßnahmen zur Vereinfachung in Maßnahmenpakete zusammen zu fassen.

Der Einzelhandel weist im Hinblick auf die Abwicklung des Rückbauprozesses verschiedene Besonderheiten auf, die in Abschn. 4.2.2 im Detail erläutert werden. Insbesondere die Expansionsbereitschaft der Unternehmen führt dazu, dass das Filialportfolio durch das Erschließen neuer Standorte stetig erweitert wird. Die Vielzahl an Projekttypen und Baubeteiligten im Einzelhandel impliziert, dass ein starres Konzept der bestehenden Heterogenität nicht gerecht wird. Daher wird eine dynamische Lösung angestrebt, die eine Reaktion auf die individuellen Gegebenheiten ermöglicht. Aufgrund der Rahmenbedingungen wird im Zuge der Konzeptentwicklung in zwei fundamentale Maßnahmenpakete gegliedert:

J. Scharke, *Nachhaltige Rückbau- und Entsorgungsplanung*, Entwicklung neuer Ansätze zum nachhaltigen Planen und Bauen, https://doi.org/10.1007/978-3-658-41378-1_4

Projektunabhängige Maßnahmen

Zur ersten Maßnahmengattung zählen solche Maßnahmen, die sich losgelöst von einem Projekt umsetzen lassen und stattdessen oftmals auf ein Produkt respektive ein Bauteil bezogen sind. Projektunabhängige Maßnahmen sind im Regelfall bereits in der Konzeptionsphase des Gestaltungselements steuerbar. Sie zeichnen sich demzufolge durch einen vorgreifenden Charakter aus, da sie direkten Einfluss auf den später angesiedelten Rückbauprozess haben. Unter einer projektunabhängigen Maßnahme wird beispielsweise die Erstellung einer Materialstoffbilanz für ein Gestaltungselement verstanden, die in Abschn. 2.2.2 grundlegend erläutert wurde. Diese kann einmalig für ein seriell gefertigtes Element erstellt werden und bei der Organisation des Rückbaus grundlegend unterstützen. Projektunabhängige Maßnahmen beeinflussen maßgeblich den Verwertungsweg und somit die Kreislaufführung der verwendeten Komponenten. Sie verfügen deshalb über eine erhöhte Komplexität und sind teilweise langwierig in der Umsetzung. Speziell wird hier auf die Implementierung neuer Innovationsprozesse angespielt, die über einen langen Zeitraum und im Normalfall prozessbegleitend vonstattengeht.

Projektindividuelle Maßnahmen

Den projektunabhängigen Maßnahmen stehen individuelle Maßnahmenpakete gegenüber. Diese orientieren sich an einer Umsetzung auf Projektebene und beziehen die Besonderheiten der standortspezifischen Gegebenheiten ein. Die projektindividuellen Maßnahmen beziehen sich auf die Standortfaktoren und den vor Ort stattfindenden Demontageprozess. Es muss folglich eruiert werden, auf welche Weise mit den standortspezifischen Besonderheiten verfahren wird.

Um die Vielfältigkeit der Rahmenbedingungen einzugrenzen, werden im Rahmen der Arbeit drei Überkategorien für Filialtypen definiert. Diese werden im Detail in Abschn. 4.3.2 beschrieben. Der Anspruch liegt hierbei darauf, alle Filialen eines Unternehmens uneingeschränkt und eindeutig einer Kategorie zuzuordnen. Für die definierten Typen wird jeweils ein individuelles Profil entwickelt. Hierfür werden in Zusammenarbeit mit Projektbeteiligten Eigenschaften der jeweiligen Typen erarbeitet. Die Profile dienen dem Zweck, den Vorgang der Rückbauplanung zu beschleunigen und einen bundesweiten Standard zu etablieren, da sie für den Umgang mit typbezogenen Restriktionen erste Lösungsansätze liefern. Somit lassen sich über die Zuordnung eines Projektes zu einem Typenprofile bereits die Auswirkungen charakteristischer Besonderheiten auf den Rückbauprozess erfassen. Die Bezugnahme auf das Typenprofil ersetzt jedoch keine Einzelfallbetrachtung, sondern dient lediglich als Orientierungshilfe bei der Umsetzung adäquater Maßnahmen. Durch die grobe Kategorisierung wird ein Rahmen vorgegeben, wodurch auf Projektebene weiterhin eine Flexibilität im Umgang mit Herausforderungen bestehen bleibt. Die Erarbeitung der Typprofile kann als iterativer Prozess verstanden werden, sodass weitere Kriterien ergänzt werden können, falls diese sich in der Praxis als relevant erweisen. Konkret soll das Profil einem kontinuierlichen Verbesserungsprozess unterliegen, der durch die Integration von Daten aus abgeschlossenen Projekten vorangetrieben wird.

Zwischen projektunabhängigen und -individuellen Maßnahmen bestehen gegenseitige Wechselwirkungen, die ebenfalls herausgestellt werden müssen. Die Umsetzung vorgreifender und produktbezogener Maßnahmen kann folglich aufgrund von individuellen Gegebenheiten verhindert werden. Als Beispiel kann die Umsetzung einer sortenreinen Trennung genannt werden, deren Realisierung ausreichend vorhandene Stellfläche erfordert. Ist diese nicht gegeben, kann in Bezugnahme auf die technische Unmöglichkeit von den Vorgaben abgewichen werden.

Andererseits kann eine projektunabhängige Maßnahme den Rückbauprozess auf Projektebene als Ganzes beeinflussen. Beispielhaft zieht die Implementierung eines neuen Innovationsssprosses wie Cradle-to-Cradle eine Vielzahl prozessualer Umstrukturierungen nach sich, da sämtliche interne Abläufe auf die neue Systematik abgestimmt werden müssen. Die Tragweite der Wechselwirkungen ist somit verschieden stark ausgeprägt. Projektunabhängige Maßnahmen verfügen über das Potenzial, großflächige Veränderungen nach sich zu ziehen, während projektindividuelle Maßnahmen ausschließlich den Ablauf eines einzelnen Projektes bedingen. Außerdem bestehen auch innerhalb der Maßnahmengattung Abhängigkeiten, die nicht vernachlässigt werden dürfen.

Inhalt des kreislauffähigen Rückbaukonzeptes sollen nur jene Maßnahmen sein, welche die Umsetzung der Zielkriterien maßgeblich beeinträchtigen. Den Input liefern die genannten nationalen Zertifizierungssysteme, bestehende Standards sowie die betroffenen Unternehmen selbst. Gleichzeitig unterstützen die betrachteten Forschungsergebnisse bei der Weiterentwicklung und Modifizierung von Maßnahmen auf den vorliegenden Umbauumfang. Im Kontext der Arbeit wird das DGNB-Rückbauzertifikat als zentrale Input-Quelle genutzt, da dieses als Hilfsmittel zur Umsetzung der nachstehend aufgeführten Nachhaltigkeitsziele eine ausführliche Grundlage bietet. Zusätzlich werden weitere als relevant erachtete Maßnahmen ergänzt.

Nachhaltige Zielkriterien sind in erster Instanz die Erfüllung der geforderten ökologischen, ökonomischen und technischen Qualitäten. Primär ist der schonende Umgang mit den verwendeten Ressourcen als übergeordnetes Ziel festzuhalten.

Die Maßnahmen dienen demzufolge zur Sicherstellung einer der genannten Qualitäten. Es gilt zu untersuchen, inwieweit die abgeleiteten Maßnahmen einer der beiden Maßnahmengattungen zugerechnet werden können. Elementare Fragestellung ist hierbei, ob die jeweilige Umsetzbarkeit von den Rahmenbedingungen eines konkreten Projektes abhängt. Abb. 4.1 stellt den schematischen Aufbau des Konzeptes dar.

4.2 Ausgangssituation

4.2.1 Umbauumfang

Die Herausforderung der vorliegenden Arbeit liegt darin, die Kriterien eines nachhaltigen Rückbaus in Anlehnung an das DGNB-Zertifikat auf das vorzufindende Leistungsspektrum beim Rückbau innenarchitektonischer Gestaltungselementen

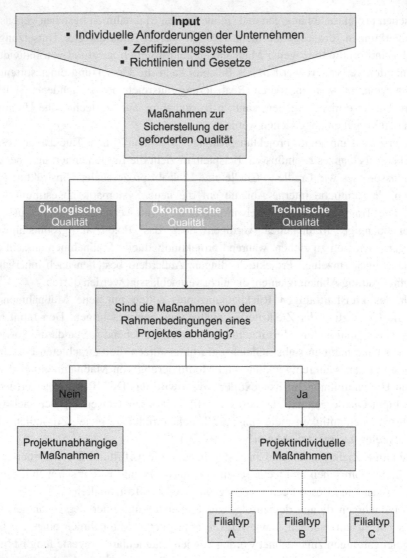

Abb. 4.1 Aufbau des kreislauffähigen Rückbaukonzeptes

anzupassen. Dafür muss jedoch zuerst definiert werden, um welchen Rückbauumfang es sich bei den Elementen handelt. Die Gestaltungselemente können nach DIN 276 in die Kostengruppe (KG) 610 „Besondere Ausstattung" eingeordnet werden, die in der Norm nicht weiter spezifiziert werden [2]. Die „Besondere Ausstattung" wird demnach beschrieben als: *„Ausstattungsgegenstände, die der besonderen Zweckbestimmung eines Objektes dienen"* [2]. Als Beispiele werden wissenschaftliche, technische und medizinische Geräte angeführt. Allerdings kann auch das innenarchitektonische

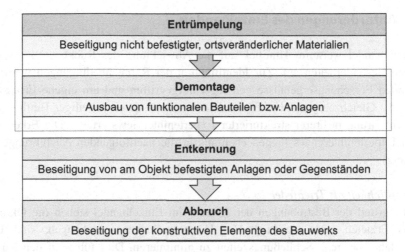

Abb. 4.2 Umfang von Umbaumaßnahmen. (Eigene Darstellung in Anlehnung an [5])

Gestaltungselement als besonderer Ausstattungsgegenstand aufgefasst werden, da dessen Wirkung und Funktion maßgeblichen Einfluss auf die Kundenwahrnehmung nimmt und somit einer besonderen Zweckbestimmung dient. Unter einem innenarchitektonischen Gestaltungselement wird in der vorliegenden Arbeit exemplarisch ein Fotomöbel verstanden, dessen Gestaltung die Kompetenz des Einzelhandelsunternehmens im Bereich Fotografie zum Ausdruck bringen soll. Das Fotomöbel besteht dabei einem eingegrenzten Service-Bereich für Mitarbeiter, der durch eine Theke und mehrerer Terminals für das selbstständige Drucken von Fotos von der Verkaufsfläche abgetrennt wird.

Die BFR „Recycling" definieren die vier verschiedenen Stufen eines Umbaus nach deren Größenordnung, welche in Abb. 4.2 dargestellt sind [3].

Der Rückbau von Gestaltungselementen kann angesichts der Umbauhierarchie, dem Überbegriff der Demontage zugeordnet werden. Die Demontage sieht den Ausbau von funktionalen Bauteilen beziehungsweise Anlagen oder deren Teilen vor, wobei Form und Stabilität des Elements weitestgehend gewahrt bleiben. Folglich soll durch die Demontage die Chance einer Weiternutzung erhalten werden. Dieser Umstand äußert sich im Praxiszusammenhang dadurch, dass Bauelemente in gegensätzlicher Reihenfolge zur Montage akkurat zurückgebaut werden müssen [4]. Daraus können eine Vielzahl von Arbeitsschritten resultieren, die eine Steigerung der Kosten- und Zeitaufwände nach sich ziehen. Aus diesem Grund muss für das betrachtete Element geprüft werden, bis zu welchem Maß eine Demontage wirtschaftlich sinnvoll ist. Ausschlaggebend dafür sind detaillierte Materialanalysen und Vorgaben der Entsorger, wie sorgfältig eine Trennung in Abfallfraktionen zu erfolgen hat.

4.2.2 Anforderungen des Einzelhandels

Der Einzelhandel weist im Hinblick auf die Abwicklung des Rückbauprozesses verschiedene Besonderheiten auf. Zur Identifikation der Rahmenbedingungen werden die bestehenden Forschungsergebnisse von *Etzel* aufgegriffen und um eigene Erfahrungen ergänzt [5]. Gleichzeitig werden Prozessbeteiligte und deren jeweiliger Einfluss durch die Durchführung mehrerer strukturierter Experteninterviews erfasst. Die Erkenntnisse aus den Experteninterviews fließen ebenfalls in die nachfolgenden Ausführungen ein. (s. Anhang).

Wirtschaftlichkeit als Triebfeder
Im Vordergrund der Bestrebungen der Akteure im Einzelhandel stehen die Ökonomie und das Erzielen eines Gewinns. Um Umsatzverlusten vorzubeugen, sind Unternehmen daher bestrebt, Schließungszeiten zu minimieren. Dies führt auf den Rückbau bezogen dazu, dass die Zeit meist der wichtigste Faktor ist. Gleichzeitig wird bei der Entscheidungsfindung vorrangig die Wirtschaftlichkeit eines Lösungsansatzes untersucht. Daraus resultiert, dass der Implementierung neuer Kreislaufmodelle stets eine intensive Wirtschaftlichkeitsprüfung vorangeht. Der Aspekt der Ökologie wird der Ökonomie deshalb in erster Instanz häufig untergeordnet. Demzufolge muss ein nachhaltiges Rückbaukonzept auch unter Betrachtung der wirtschaftlichen Auswirkungen entwickelt werden, da unzumutbare Mehrkosten eine Umsetzung verhindern. Das Rückbau- und Entsorgungskonzept muss folglich mit den wirtschaftlichen Interessen des Unternehmens vereinbar sein und durch Attraktivität überzeugen. Die Wirtschaftlichkeit als Entscheidungsgrundlage stellt für einen Wandel zur Kreislaufwirtschaft eine schwer überwindbare Barriere dar, da die Umsetzung alternativer Geschäftsmodelle typischerweise mit einem hohen Ressourceneinsatz verbunden ist. Das Aufbrechen der Strukturen benötigt in Anlehnung an die von *Etzel* durchgeführten Forschungen einen strikteren politischen Rahmen, der die Unternehmen in die Pflicht nimmt, Maßnahmen im Sinne der Ressourcenschonung zu ergreifen [5].

Einheitliche Gestaltung des Ladenbilds
Aus Gründen der Corporate Identity und zur verbesserten Kundenorientierung sind Einzelhandelsunternehmen bestrebt, die Filialen nach einem einheitlichen Konzept zu gestalten. Dies lässt sich über vorgeschriebene Baubeschreibungen regulieren, welche detaillierte Angaben bezüglich zu verwendender Konstruktionen oder Produkten beinhalten. Von den Baubeschreibungen darf nur in Ausnahmefällen abgewichen werden, wenn beispielsweise die örtlichen Gegebenheiten eine Umsetzung unmöglich machen. Aus einer einheitlichen Vorgehensweise bei der Gestaltung resultiert auch für den Rückbau die Möglichkeit eins standardisierten Verfahrens, dass sich jedoch aufgrund der bereits erläuterten individuellen Standortfaktoren einzig auf die Demontage der Elemente an sich bezieht. Für seriell gefertigte Ladenbildelemente können dennoch Maßnahmen bei der Rückbauplanung abgeleitet werden, die sich standardisiert

anwenden lassen. Eine einheitliche Gestaltung ist aus diesem Grund insbesondere für die Definition projektunabhängiger Maßnahmen von Vorteil.

Vielzahl interdisziplinäre Prozesse
Die Verwertungsmöglichkeiten der Gestaltungselemente beschränken sich nicht zwangsläufig auf den Baubereich, sondern bieten das Potenzial, auch anderweitig eingesetzt zu werden. Einzelhandelsunternehmen vereinen Aufgabenbereiche aus unterschiedlichen Wirtschaftssektoren. So verfügen viele Unternehmen bereits über interne Bauabteilungen, deren Bestrebungen sich auf die Expansion des Unternehmens ausrichten. Aufgrund der breit gefächerten Aufstellung existiert eine Vielzahl interdisziplinärer Prozesse und Schnittstellen innerhalb der Unternehmen. Dies birgt die Möglichkeit von Synergieeffekten im Zusammenspiel mit anderen Unternehmenszweigen. Konkret kann für den Rückbau geprüft werden, ob Materialien im Zuge der Demontage in anderen Unternehmensbereichen in einen Kreislauf geführt werden können, beispielsweise in der Produktentwicklung oder als Verpackungsmaterial. Dafür braucht es jedoch bestimmte Voraussetzungen, auf welche im Abschn. 4.3.1 näher eingegangen wird.

Außergewöhnliche Abhängigkeiten aus Mietverhältnis
Die Anmietung von Fremdflächen hat sich in der Einzelhandelsbranche etabliert [5]. Das hat zur Folge, dass sich viele Unternehmen in direktem Verhältnis zum Eigentümer beziehungsweise Vermieter befinden. Aus diesem Vertragsverhältnis ergeben sich Abhängigkeiten und Anforderungen, die durch den Mieter zu erfüllen sind. Bei einem Ausbau der Fläche in Eigenregie durch den Mieter wird der Umfang der später durchzuführenden Rückbaumaßnahme bereits im Mietvertrag verankert. Vorgaben des Vermieters können ebenfalls die bauliche Umsetzung im Sinne nachhaltiger Ziele beinhalten. Der Rückbauprozess wird folglich durch das Vertragsverhältnis mitbestimmt. In einem Einkaufszentrum kann beispielsweise eine erhöhte Rücksichtnahme auf das Umfeld zu gewährleisten sein, wenn Rückbaumaßnahmen parallel zum Betrieb umliegender Ladenlokale durchgeführt werden.

Individuelle Standortfaktoren
National agierende Einzelhandelsunternehmen verfügen im Regelfall über ein breit gestreutes Filialnetz. Dies bedeutet, dass die Unternehmen an unterschiedlichen Standorten präsent sind und dementsprechend projektspezifisch andere Rahmenbedingungen vorherrschen. Diese individuellen Standortfaktoren beeinflussen auch die Durchführbarkeit des Rückbaukonzeptes und müssen demnach berücksichtigt werden. Folgende Faktoren werden angesichts der Zielsetzung als relevant erachtet und sind projektbezogen zu prüfen:

Lage: Die Rahmenbedingungen für den Rückbau sind stark von der Lage der stationären Verkaufsstellen abhängig. Unter dem Oberbegriff der Handelsimmobilie wird ein breites Typenspektrum konsolidiert, das *„vom kleinen Ladenlokal (einzelne Räumlichkeiten* *z. B. in Einkaufsstraßen) über Geschäftshäuser (Gebäude mit mehreren selbstständigen Ladenlokalen, die ihren Eingang zur Straße haben und nicht über Passagen verbunden sind) bis hin großflächigen Einzelhandelsagglomerationen wie Shopping-Centern [...]"* [6] reicht. Dementsprechend existieren je nach Lage Einschränkungen oder Besonderheiten bezüglich des Rückbauprozesses. Beispielsweise ist in Innenstadtlagen die Aufstellung mehrerer Container zur sortenreinen Trennung erschwert. Unter Beachtung der Flächenverhältnisse muss somit das Trennkonzept auf die jeweilige Lage und die zur Verfügung stehende Fläche zur Containerstellung abgestimmt sein.

Weiterhin spielt die Lage für den Entsorgungsweg eine wichtige Rolle. Im Regelfall erfolgt die Entsorgung über regional ansässige Unternehmen, die projektspezifisch beauftragt werden. Je nach Standort kann die Verfügbarkeit von umliegenden Entsorgungsunternehmen verschieden ausgeprägt sein. Transportentfernungen können deshalb auf Projektebene variieren und sowohl ökonomisch als auch ökologisch auf den Rückbauprozess einwirken.

Erreichbarkeit: Als weiterer Standortfaktor ist die Erreichbarkeit der jeweiligen Filiale zu nennen. Die Anliefersituation bestimmt hierbei maßgeblich, inwieweit die Entsorgungslogistik standortgebunden realisiert werden kann. Hindernisse sind dabei z. B. Engstellen, die Einschränkungen in der Abholung von Abfällen mit sich bringen. Gleichzeitig können die Wege innerhalb eines Gebäudes, die beim Abbruch zurückgelegt werden müssen, variieren. Beispielsweise sind in Centerfilialen unter Umständen weitere Distanzen zwischen Ladenlokal und Sammelstelle zu überbrücken und eventuell ein Transport über mehrere Stockwerke nötig sein. Aufgrund der erschwerten Bedingungen kann für die Demontagearbeiten mit Aufwandserhöhungen zu rechnen sein.

Bausubstanz: Auch die vorhandene Bausubstanz variiert auf Projektebene und ist deshalb ebenfalls bei der Demontage funktionaler Bauteile zu überprüfen. Die Qualität der vorhandenen Konstruktion wirkt sich beispielsweise auf die angewandten Verfahrenswege zur Trennung von Fügungen aus. Insbesondere ältere Bestandsgebäude bedürfen einer ausführlichen Grundlagenermittlung, bevor Rückbaumaßnahmen initiiert werden.

Baubeteiligte: Aufgrund der Expansion von Einzelhandelsunternehmen wächst auch deren Stamm an Handwerkern und Lieferanten. Hiermit sind zum einen die Projektbeteiligten als auch die Hersteller und Lieferanten der Gestaltungselemente gemeint. In der Projektabwicklung entstehen regionale Netzwerke, deren Abläufe sich ohne einheitlichen Prozess verselbstständigen. Baubeteiligte divergieren im Regelfall auf Projektebene, wodurch eine Heterogenität in der Abwicklung besteht. Daher sind klare Aussagen zu treffen, welche Bestandteile des Konzeptes einer strikten Umsetzung bedürfen und wann eine Abweichung möglich ist. Gleichzeitig variieren auch das Nachhaltigkeitsverständnis und die Fortschrittlichkeit innerhalb der Partnerunternehmen. Es gilt deshalb zu prüfen, welche Anforderungen bezogen auf den Rückbau von den Partnern grundsätzlich erwartet werden und inwiefern sich die dafür notwendigen

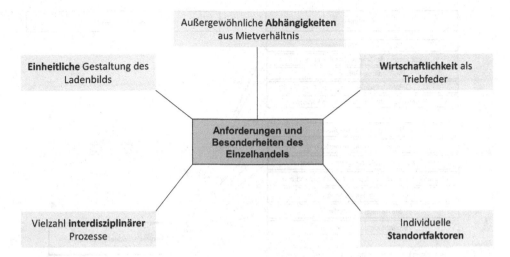

Abb. 4.3 Anforderungen und Besonderheiten des Einzelhandels

Impulse setzen lassen. Auch die vermehrte Einbindung der Hersteller in den Demontage-prozess ist zu forcieren. Abb. 4.3 fasst die genannten Erkenntnisse final zusammen.

4.3 Entwicklungsprozess

Im ersten Schritt des Entwicklungsprozesses wird der Input für das Konzept und die notwendigen Maßnahmen generiert. Der Schwerpunkt der Arbeit liegt vorrangig auf den Bewertungspunkten des DGNB Rückbau-Zertifikats und wird um weitere, im Kontext der Arbeit als relevant erachtete Maßnahmen ergänzt. Um die resultierenden Maßnahmen den zuvor definierten Maßnahmengattungen zuzuordnen, wird nachfolgend eine Einteilung vorgenommen. Maßnahmen sind dabei entweder:

- Eindeutig zuordenbar
- Sowohl projektunabhängig als auch -individuell zuordenbar
- Nicht zuordenbar

Die Zuordnung der Maßnahmen ist in Abb. 4.4 dargestellt und wird in den folgenden Kapiteln begründet.

Nicht zuordenbare Maßnahmen des DGNB-Rückbauzertifikats sind aufgrund des restriktiven Umbauumfangs ausschließlich die Bewertungspunkte des Kriteriums ENV2-R „Gefahrstoffsanierung". Hierunter fallen die Erfassung von Gefahrstoffen (Baudiagnose Gefahrstoffe), das Aufstellen eines Gefahrstoffsanierungskonzeptes (Gefahrstoffsanierungskonzept) sowie die Überprüfung der Umsetzung (Umsetzung Gefahrstoffsanierungskonzept). Der Bewertungspunkt bezieht sich explizit auf die

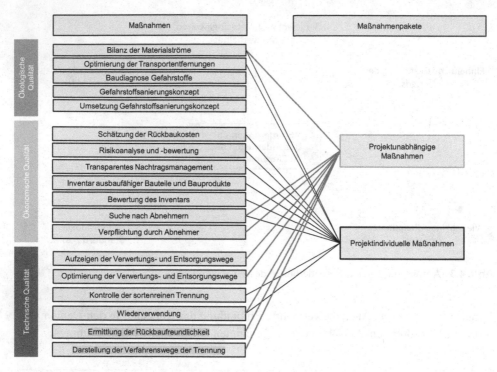

Abb. 4.4 Zuordnung der Kriterien

Analyse des Bestandsgebäudes und wird daher bei der Konzeptentwicklung für Gestaltungselemente nicht berücksichtigt. Als weiterer relevanter Aspekt wird zur Bewertung der technischen Qualität vom DGNB System Gebäude Neubau die Rückbau-freundlichkeit angeführt. Das Kriterium wird durch den DGNB-Rückbaukriterienkatalog nicht hinreichend abgedeckt und daher zusätzlich aufgenommen.

Unter der Rückbaufreundlichkeit wird die Demontagemöglichkeit und Trennbarkeit von Baukonstruktionen verstanden. Auf Bauteilebene ist der Aspekt projektunabhängig in der Konzeptionsphase der Gestaltungselemente mit einzubeziehen. Außerdem wird durch die BFR „Recycling" die Berücksichtigung der Verfahrenswege der Trennung als weiterer Aspekt genannt, der ebenfalls zusätzlich untersucht wird.

Die projektunabhängig gesammelten Daten können im Zuge der Ausführung für eine genaue Beschreibung der zu leistenden Arbeitsschritte dienen. Da aus dem gesamten Kriterienkatalog Rückbau der DGNB nur Bewertungspunkte der ökologischen, technischen und ökonomischen Qualität extrahiert werden sowie neue Maßnahmen ergänzt werden, wird der vorgesehene Bewertungsmaßstab obsolet. Dementsprechend ist ein Vorschlag zu entwickeln, inwiefern die Anteile an der Gesamtbewertung anzu-passen sind, sodass eine quantifizierbare Bewertung möglich ist. Falls zum Status quo keine sinnvolle Anpassung möglich ist, kann das Konzept dennoch qualitativ bewertet werden.

4.3.1 Projektunabhängige Maßnahmen

Die Erarbeitung projektunabhängiger Maßnahmen gestaltet sich in Teilen (Optimierung der Verwertungswege, Suche nach Abnehmern) als laufender Prozess, der einer ständigen Überprüfung und Anpassung bedarf. Die ergriffenen Maßnahmen beziehen sich hierbei vorwiegend auf das Gestaltungselement und dessen Konzeption. Gleichzeitig handelt es sich primär um eine Grundlagenermittlung, die für die weitere Prozessführung des Rückbaus den Ausgangspunkt markiert. Hierbei dienen projektunabhängige Maßnahmen zur Standardisierung übergeordneter Prozesse und beeinflussen deswegen auch die individuelle Handhabe auf Projektebene stark.

Die projektunabhängigen Maßnahmen werden im Zuge der nachfolgenden Ausführungen weiter in die Abschnitte *Entsorgung* und *Demontage* gegliedert. Der Abschnitt Entsorgung umfasst hierbei alle Maßnahmen, die auf die Optimierung der Verwertungs- und Entsorgungswege abzielen und die Kreislaufführung der verwendeten Materialien forcieren. Als Beispiel kann das Aufstellen einer Materialstrombilanz aufgeführt werden.

Unter den Überbegriff der Demontage fallen demgegenüber alle Maßnahmen, die den Rückbauprozess als solchen beeinflussen und zur verbesserten Taktung der Abläufe auf der Baustelle dienen. Hierzu zählt insbesondere die Ermittlung der Rückbaufreundlichkeit, die vorab eine Einschätzung bezüglich des Demontageaufwands zulässt. Prinzipiell sollen alle projektunabhängigen Maßnahmen einem Strang zugeordnet werden. Zusätzlich wird der Einfluss der einzelnen Abschnitte auf die vorgelagerte Konzeptionsphase untersucht.

Entsorgung

Bilanz der Materialströme
Die DGNB fordert zur Erfüllung der ökologischen Qualität bereits vor Beginn des Rückbaus eine Schätzung der anfallenden Massen. Auch in der BFR „Recycling" wird die Aufstellung eines Abfallkatasters mit allen zu entsorgenden Abfällen verlangt. Für die Gestaltungselemente ist das Aufstellen einer Stoffbilanzierung bereits im Anschluss an die Konzeptionsphase und vor dem Roll-out möglich, sodass der Vorgang projektunabhängig durchgeführt werden kann. Voraussetzung ist, dass von den Herstellern die verwendeten Massen präzise dargelegt werden. Dafür werden diese bestenfalls verstärkt in den Prozess eingebunden und mithilfe geeigneter Arbeitsmittel Transparenz über zu entsorgende Mengen geschaffen. Durch die serielle Fertigung der Gestaltungselemente ist bei guter Datengrundlage eine sehr genaue Schätzung der anfallenden Massen möglich. Dennoch muss nach Abwicklung des Projektes ein erneuter Abgleich mit den tatsächlich angefallenen Massen erfolgen, um eine datengestützte Aussage über den IST-Zustand treffen zu können. Die Materialstrombilanz ist somit in zwei Stufen anzuwenden. Einerseits als projektunabhängige Schätzung vor der eigentlichen Projektdurchführung und nach Projektabschluss zu Validierungszwecken. Ein Vergleich beider

Bilanzen gibt Aufschluss darüber, inwieweit die geplante Umsetzung projektindividuell möglich war. Die Erkenntnisse liefern somit wiederum projektbezogenen Input für die Modifikation der Typenprofile, da mit jedem abgeschlossenen Projekt die Menge an verfügbaren Daten wächst. Auf Basis der Materialstrombilanzierung kann anschließend eine Ökobilanzberechnung der mit der Demontage verbundenen Umweltwirkungen erfolgen. Der Vorgang der Ökobilanzierung wird im Zuge der vorliegenden Arbeit nicht näher betrachtet.

Tab. 4.1 zeigt, wie eine potenzielle Arbeitshilfe bei der Beschaffung der benötigten Daten strukturiert sein kann. Wichtig ist vor allem, dass bereits eine systematische Zuordnung nach Fraktionen der GewAbfV erfolgt, sodass adäquate Vorkehrungen für eine sortenreine Trennung getroffen werden können. Somit kann frühzeitig das benötigte Sammelvolumen, das bei der Erstellung des Trennkonzeptes zu berücksichtigen ist, erfasst werden. Außerdem ist eine prozentuale Ermittlung des Materialanteils einzelner Fraktionen möglich. Die in den Experteninterviews bestätigten, überwiegend bei der Demontage der Gestaltungselemente anfallenden Abfallfraktionen sind in Tab. 4.1 hervorgehoben.

Aufzeigen der Verwertungs- und Entsorgungswege
Voraussetzung für das Erfüllen der technischen Qualität nach dem DGNB-Rückbauzertifikat ist das Aufzeigen der Verwertungs- und Entsorgungswege. Dies bedeutet im ersten Schritt eine Auseinandersetzung mit dem aktuellen Stand der Technik und üblicherweise gewählten Verfahren der Entsorgung [7]. Für die Gestaltungselemente sollte dieser Schritt bereits zwingend in der Konzeption bei der Auswahl geeigneter

Tab. 4.1 Arbeitshilfe Materialstromerfassung. (Eigene Darstellung in Anlehnung an [7])

Abfallschlüssel	Bezeichnung der Fraktion	Anfallende Massen [t]	[%-Anteil]
17 02 02	Glas		
17 02 03	Kunststoff		
17 04 (01–07 + 11)	Metalle, einschließlich Legierungen		
17 02 01	Holz		
17 06 04	Dämmmaterial		
17 03 02	Bitumengemische		
17 08 02	Baustoffe auf Gipsbasis		
17 01 01	Beton		
17 01 02	Ziegel		
17 01 03	Fliesen		
17 01 07	Bauschutt (Gemische aus Beton, Ziegeln, Fliesen und Keramik)		
17 09 04	Baumischabfall (gemischte Bau- und Abbruchabfälle)		

Tab. 4.2 Übersicht der Annahmen für relevante Abfallströme. (Eigene Darstellung nach [8])

Baustoff-Gruppe	MRU	MSM	MMR	MMRf	MERf	MWD
Flachglas	k. A	0,0 %	83,3 %	0,0 %	0,0 %	16,7 %
Holzwerkstoffe	k. A	0,0 %	11,5 %	0,0 %	88,5 %	0,0 %
Sonstiges Holz	k. A	0,0 %	4,3 %	0,0 %	95,7 %	0,0 %
Papier/Pappe	k. A	0,0 %	11,5 %	0,0 %	88,5 %	0,0 %
Sonstige Kunststoffe	k. A	0,0 %	25,3 %	0,0 %	72,3 %	2,4 %
Alu., Kupfer, Zink, Blei	k. A	91,2 %	0,0 %	0,0 %	0,0 %	8,8 %

Legende:
MRU: Material zur Wiederverwendung
MSM: Material zur gleichwertigen stofflichen Verwertung als Sekundärmaterial
MMR: Material zur minderwertigen stofflichen Verwertung
MMRf: Material zur endgültigen stofflichen Verwertung
MERf: Material zur endgültigen energetischen Verwertung
MWD: Material zur Deponierung

Materialien integriert werden. *Hafner et al.* konsolidieren in ihrer Forschung Annahmen für die Abfallströme und den Entsorgungsweg von Baustoffen, die zur Ermittlung der Recyclingfähigkeit von Baustoffen beitragen [8]. Diese geben den aktuellen Stand der Technik wieder und Aufschluss über die im Regelfall gewählten Entsorgungswege. Tab. 4.2 gibt eine Übersicht über die Verwertungswege für die überwiegend bei der Demontage von Gestaltungselementen anfallenden Abfallströme.

Die Forschung beinhaltet keine Angabe bezüglich der Wiederverwendung von Materialien, da dieser Aspekt unabhängig vom Stand der Technik durch geeignete Initiativen individuell umgesetzt werden kann. Alternativen für eine Wiederverwendung der Gestaltungselemente im nachfolgenden Abschnitt ausführlich beschrieben.

Es wird ersichtlich, dass für die verwendeten Baustoffe vorrangig eine minderwertige stoffliche Verwertung oder eine endgültige thermische Verwertung in Frage kommt. Eine Ausnahme bilden Metalle wie Aluminium, Kupfer, Zink und Blei, welche sich aufgrund ihrer Beständigkeit für eine gleichwertige stoffliche Verwertung als Sekundärmaterial eignen. Kann auf Basis der Recherche keine valide Aussage getroffen werden, bietet sich die Kontaktaufnahme mit Unternehmen in der Entsorgungsbranche an.

Diese können anhand von Lichtbildern häufig bereits gute Einschätzungen bezüglich des Verwertungsweges geben. Auch über einen Austausch mit den Herstellern der Gestaltungselemente ist eine Datenerhebung möglich.

Durch eine Gegenüberstellung der üblicherweise und nach aktuellem Stand der Technik gewählten Verwertungs- und Entsorgungswege mit den tatsächlich erfolgten Verwertungs- und Entsorgungswegen wird nach dem DGNB-Kriterium TEC1-R „Verwertung- und Entsorgung" die Umsetzung des Konzeptes geprüft [7]. Diese Reflexion kann dementsprechend erst nach der Realisierung des Rückbaus und projektindividuell erfolgen. Das Verhältnis beider Werte drückt dabei aus, inwieweit durch den Abfallerzeuger Maßnahmen zur Optimierung des Verwertungsweges forciert wurden.

Optimierung der Verwertungswege

Rückbau und Kreislaufwirtschaft gehen bezogen auf die Umsetzung nachhaltiger Aspekte Hand in Hand. Alternative Verwertungswege erschließen sich im Regelfall nur, wenn intensive Analysen in Zusammenarbeit mit den zuständigen Lieferanten durchlaufen werden. Wird der Entsorgungsweg erst zu späterem Zeitpunkt in Erwägung gezogen, ist die Optimierung der Verwertungswege nur noch eingeschränkt möglich. Deshalb kann das Potenzial eines nachhaltigen Rückbaus nur dann voll ausgeschöpft werden, wenn das EoL bereits in der frühen Konzeptionsphase berücksichtigt wird.

Das DGNB-Rückbauzertifikat differenziert zwischen drei Qualitätsstufen, die weiter in spezifische Verwertungs- und Entsorgungswege untergliedert sind. Potenzielle Möglichkeiten sind dabei die Wiederverwendung (QS 3), die werkstoffliche Verwertung (QS 3), die stoffliche Verwertung im Hochbau (QS 2), die stoffliche Verwertung (QS 2), eine energetische Verwertung (QS 1), Verfüllung (QS 1), Deponierung oder die Entsorgung (QS 1) als „gefährlicher Abfall" (QS 1) [7].

In der vorliegenden Arbeit wird eine auf die Gestaltungselemente und den Einzelhandel angepasste Einteilung vorgenommen, da durch die Einteilung der DGNB die gegebenen Besonderheiten nicht hinreichend berücksichtigt werden. Hierbei dient die Abfallhierarchie des KrWG als Grundlage zur Skalierung der Bewertung. Zusätzlich wird weiter in mögliche Verwertungs- und Entsorgungswege spezifiziert, die einer Qualitätsstufe zugeordnet sind. Dies ist dem Umstand geschuldet, dass die alleinige Orientierung an den Qualitätsstufen nicht für eine qualitative Bewertung der einzelnen Ansätze ausreicht. Jeder potenzielle Verwertungs- und Entsorgungsweg wird deshalb in Anlehnung an die Bewertungsmethodik des DGNB-Rückbauzertifikats mit einem Bewertungsfaktor hinterlegt. Der Bewertungsfaktor kann mit aus der Stoffbilanz hervorgegangenen Massen verrechnet werden, sodass eine relative Bewertung der Mengen ermöglicht wird.

Die weitere Untergliederung ergibt sich aus den durchgeführten Experteninterviews sowie durch die von *Etzel* beschriebenen alternativen Geschäftsmodelle im Einzelhandel. Zusätzlich kann sich in Teilen an dem bestehenden Bewertungsmaßstab des DGNB-Zertifikats orientiert werden. Hierdurch wird eine kleinteiligere Bewertung der Ansätze möglich. Tab. 4.3 konsolidiert die aus der Untersuchung hervorgegangenen Ergebnisse.

Prinzipiell ist zwischen der Verwertung auf Bauteil- beziehungsweise auf Werkstoffebene zu differenzieren. Insbesondere der Aspekt der Wiederverwendung bezieht sich hauptsächlich auf die Weiternutzung des gesamten Gestaltungselements, während das Recycling, die sonstige Verwertung sowie die Abfallbeseitigung vorrangig die verwendeten Werkstoffe betreffen. Folglich umfasst die Optimierung des Verwertungs- und Entsorgungsweges eine Betrachtung auf zwei Ebenen, die zum einen die Wiederverwendung des Gestaltungselementes als solches als auch die verwendeten Werkstoffe einbegreift.

Optimierung der Verwertung auf Bauteilebene

Eine Wiederverwendung des Gestaltungselements erfordert das Vorhandensein von notwendigen Strukturen und Prozessen und sollte deshalb ebenfalls projektunabhängig

Tab. 4.3 Verwertungswege der Gestaltungselemente

QS		Verwertungs- und Entsorgungsweg	Bewertungs-faktor
5	Abfallvermeidung	Verzicht auf einzelne Komponenten	0
4	Wiederverwendung	Mieten statt Kaufen	0
		Wiederverwendung intern	0
		(Weiterverkauf über potenziellen Markt)	0
		(Spende)	0
3	Recycling	Wiederverwertung intern	0,2
		Wiederverwertung durch Hersteller	0,2
		Wiederverwertung durch Entsorger	0,3
2	Sonstige Verwertung	Endgültige Stoffliche Verwertung	0,5
		Endgültige Thermische Verwertung	0,6
1	Abfallbeseitigung	Verfüllung	0,7
		Deponierung	1

forciert werden. Die Wiederverwendung ist nicht gleichzusetzen mit einer Verlängerung der allgemeinen Lebensdauer, da diese von anderen Faktoren wie der materiellen Zusammensetzung und dem Verschleiß abhängt. Vielmehr kann durch eine Wiederverwendung die Lebensdauer eines Produktes unter den einwirkenden Gegebenheiten voll ausgeschöpft werden. Für ein Handeln im Sinne der Nachhaltigkeit ist bereits im Produktdesign der Grundstein für die spätere Rückführung und Wiederverwendung zu setzen, damit das Produkt über die gesamte Lebensdauer hinweg genutzt werden kann. Für die Gestaltungselemente wurden in Tab. 4.3 speziell die Wiederverwendung durch ein Mietmodell, die Wiederverwendung in einem anderen Standort sowie die Möglichkeiten eines Weiterverkaufs oder einer Spende aufgezeigt.

Innenarchitektonische Gestaltungselemente im Einzelhandel weisen die Besonderheit auf, dass es sich im Regelfall um Individuallösungen basierend auf den Bedürfnissen und Anliegen des Unternehmens handelt. Die Gestaltung ist demnach auf die Unternehmenswünsche konfiguriert und steht oftmals in direktem Bezug zu einer Marke beziehungsweise einem Unternehmen. Dieser Bezug steht einem Weiterverkauf grundlegend im Wege. Bevor eine **Suche nach Abnehmern** angestoßen wird, muss folglich in erster Instanz geprüft werden, ob das Gestaltungselement überhaupt weiterverkauft werden darf. Falls dies der Fall ist, eignen sich als potenzielle Abnehmer vor allem Großkunden, die bereit sind, höhere Stückzahlen an Einrichtungsgegenständen entgegenzunehmen und den Einkauf nicht auf eine Filiale beschränken. Daher ist eine projektunabhängige Suche nach Abnehmern sinnvoll. Als Großabnehmer für Ladenbildelemente kann exemplarisch die Firma USEDmarket genannt werden, die Bestandteile der Einrichtung an- und weiterverkauft. In das Angebot der Firma fällt unter anderem auch die umweltgerechte Demontage der Einrichtung, sodass der Auftraggeber einen Großteil der Rückbauarbeiten delegieren kann [9]. USEDmarket bietet vor allem für die Rückführung und den Weiterverkauf von Regalen eine attraktive Plattform. Bezogen auf gestalterische Sonderanfertigungen ist der Verkauf aufgrund des bereits genannten Bezugs zur Marke erschwert. Generell ist festzuhalten, dass die spezielle Beschaffenheit der Ladenbildelemente die Möglichkeiten eines Weiterverkaufs stark einschränkt und deshalb oftmals, wenn überhaupt nur eine rudimentäre Suche nach Abnehmern möglich ist.

Analog der Rücknahmevereinbarung ist die Anmietung der Einrichtung ein probates Mittel, um die Bindung zwischen Hersteller und Nutzer zu stärken und im Wertschöpfungsprozess zu verankern. Das Gestaltungselement würde dabei im Eigentum des Herstellers bleiben und dem Einzelhandelsunternehmen gegen das Entrichten monatlicher Mietzahlungen zur Verfügung gestellt. Allerdings muss bei einem Mietmodell kritisch hinterfragt werden, inwieweit die Hersteller ihrer Verantwortung zum EoL des Produktes nachkommen und selbstständig eine hochwertige Verwertung anstreben. Unternehmen können durch das Mietmodell folglich die eigene Verantwortung auf den Hersteller übertragen, unterstützen damit jedoch nicht zwangsläufig einen nachhaltigen Ressourcenumgang. Die Interessen beider Parteien müssen hierbei in der Entwicklungsphase in einen Einklang gebracht und gemeinsam ein Lösungsansatz entwickelt werden. Die Wiederverwendung von aufwendig und individuell gestalteten Ladenbildelementen außerhalb des eigenen Unternehmens wird von Fachleuten grundsätzlich kritisch gesehen, weshalb als vorwiegende Option die Weiternutzung in einem anderen unternehmenseigenen Standort erwogen werden sollte. Die Umsetzung einer Wiederverwendung erfordert jedoch ebenfalls einheitliche Prozesse und den Aufbau der notwendigen Logistik und IT-Strukturen. So muss das ausführende Unternehmen beispielsweise über zentrale Lagerflächen verfügen, auf denen die Einrichtungsgegenstände unter Umständen zwischengelagert werden können. Ebenfalls von Belangen ist die Funktionstüchtigkeit der Elemente, die ausschlaggebend für die Initiierung notwendiger Aufbereitungsmaßnahmen ist. Existiert keine Möglichkeit zur Zwischenlagerung, muss bestenfalls zeitgleich mit dem Rückbau einer Filiale der Bedarf an anderer Stelle bestehen, sodass eine direkte Überführung in einen anderen Standort möglich ist. Es bestehen somit wieder Abhängigkeiten und Herausforderungen, die im Sinne der strategischen Ausrichtung längerfristige Anstrengungen von den Unternehmen erfordern.

Optimierung der Verwertung auf Werkstoffebene
Eine Optimierung der Verwertung auf Werkstoffebene zielt im Regelfall auf das Vermeiden einer sonstigen Verwertung oder Abfallbeseitigung und das Forcieren eines Recyclings ab. Für das Recycling bieten sich hierbei verschiedene Optionen an, die sowohl auf interner Ebene als auch extern zu überprüfen sind. Eine interne Verwertung oder eine Verwertung durch den Hersteller ist der Wiederverwertung über den Entsorger vorzuziehen, da die Produktion der internen Gestaltungselemente unterstützt und ein Kreislauf gefördert wird. Somit werden aktiv Ressourcen eingespart und unter Umständen die Produktionskosten gesenkt, falls der Lieferant die Sekundärmaterialien für die Produktion neuer Gestaltungselemente einsetzt. Gleichzeitig besteht die

Möglichkeit einer Cradle-to-Cradle-Zertifizierung, wenn Materialien für denselben Verwendungszweck genutzt werden und durchgängig in einem Kreislauf zirkulieren.

Eine Optimierung der bestehenden Verwertungs- und Entsorgungswege lässt sich im **ersten Schritt** über die Beschaffung der notwendigen Informationen anstoßen. Hierfür sind insbesondere die technischen Datenblätter der verwendeten Komponenten von Bedeutung, da diese kompakt die Materialeigenschaften wiedergeben. Über die Auswertung der Materialeigenschaften kann das Recyclingpotenzial eines Werkstoffes eingeschätzt werden. Im **zweiten Schritt** bietet sich erneut der Austausch mit Entsorgern und Herstellern an, die Empfehlungen bezüglich des Vorgehens bei der Entsorgung geben. Hierzu zählen unter anderem die Anforderungen an die sortenreine Trennung sowie die Kommunikation mit den Entsorgungsunternehmen, die für eine hochwertigere Verwertung ausschlaggebend ist.

Auf Basis der gewonnenen Erkenntnisse wird im **dritten Schritt** die Abwicklung des Prozesses geplant, welche die aktive Beteiligung von Entsorger und Hersteller vorsieht. Dadurch soll die Bindung zwischen den Parteien gestärkt werden und der Aspekt der Zusammenarbeit hervorgehoben werden.

Der **vierte Schritt** beinhaltet bereits erste Testläufe, anhand derer mögliche Herausforderungen in der Umsetzung aufgezeigt werden sollen. Außerdem wird geprüft, ob das Recycling der ausgewählten Werkstoffe tatsächlich problemlos möglich ist. Die Erprobung liefert neuen Input, der im **fünften Schritt** für eine Validierung und Anpassung des Prozesses genutzt wird. Abb. 4.5 stellt den beschriebenen Ablauf zur Optimierung der Verwertung auf Werkstoffebene schematisch dar. Allgemein ist festzuhalten, dass die Optimierung auf Werkstoffebene aufgrund der Untersuchung jedes einzelnen Materials einen hohen Aufwand erfordert. Daher ist im Sinne des KrWG eine Gesamtlösung für die Verwertung der Gestaltungselemente vorzuziehen, da diese ebenfalls als wirtschaftlicher anzusehen ist.

Die Veröffentlichung von *Schmitt und Hansen* zeigt, dass es einen Wandel auf Unternehmensebene hin zur Kreislaufwirtschaft benötigt, um nachhaltige Ansätze in bestehende Abläufe zu integrieren. Grundsätzlich wird eine aufgeschlossene Grundhaltung gegenüber nachhaltigen Lösungsansätzen vorausgesetzt. Die Implementierung

Abb. 4.5 Optimierung der Verwertung auf Werkstoffebene

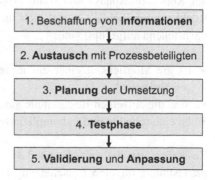

neuer Innovationsprozesse erfordert hierbei interne Bereitschaft, bestehende Produktions- und Lieferantenstrukturen aufzubrechen [10].

Für die Umsetzung werden zudem Kapazitäten gebunden, deren Verfügbarkeit im Unternehmen gegeben sein muss. Die Impulse für das Schließen neuer Kreisläufe werden durch interne Promoter gesetzt, die einen Wandel aktiv vorantreiben und neue Innovationsmodelle im Unternehmen populär machen. Die Inhalte aus Tab. 4.3 können bereits als Impuls gewertet werden, da ein Überblick über mögliche Alternativmodelle gewährt wird.

Die Umsetzung der einzelnen Verwertungsmöglichkeiten bedarf einer intensiven Auseinandersetzung sowie einer ausgedehnten Umstrukturierung in den bisherigen Prozessen. Beispielhaft kann die Rücknahme durch den Hersteller zur anschließenden Wiederverwertung angeführt werden. Hierbei muss vorab geklärt werden, in welchem Umfang und auf welche Weise die Integration des Herstellers in den Rückbauprozess erfolgen soll. Der Hersteller benötigt zudem die logistischen Voraussetzungen, die zur Rücknahme der Komponenten erforderlich sind. Der gesamte Prozess bedarf einer engen Abstimmung zwischen Hersteller und Nutzer und eine Vernetzung der Beteiligten. Außerdem sind für die Abwicklung ein fest definierter Prozess sowie das Aufsetzen von Verträgen notwendig, um die jeweiligen Verantwortlichkeiten klar zu artikulieren. Die Absprache zwischen beiden Parteien bietet sich bereits in der frühen Konzeptionsphase an, da hier der Beeinflussungsgrad besonders hoch ist und der Einsatz alternativer Bauprodukte forciert werden kann. Die Optimierung der Verwertungswege benötigt dementsprechend eine frühzeitige Evaluation der bestehenden Möglichkeiten. Die Implementierung neuer Innovationsmodelle ist hierbei ein laufender Prozess, der einen hohen Grad an Abstimmung voraussetzt. Aus Sicht der Unternehmen ist damit zu rechnen, dass bereits für einzelne prozessuale Veränderungen das Aufbringen eines erhöhten Ressourcenaufwandes nötig wird.

Demontage

Ermittlung der Rückbaufreundlichkeit
Die Rückbaufreundlichkeit der Gestaltungselemente lässt sich ebenfalls vorwiegend in der Konzeptionsphase und somit projektunabhängig beeinflussen. Zur Feststellung der Rückbaufreundlichkeit eignet sich die Abhandlung verschiedener Fragestellungen, die nachstehend aufgeführt sind:

- Ist die Möglichkeit einer einfachen, sortenreinen Trennung des Gestaltungselement gewährleistet?
- Sind die einzelnen Bestandteile gut zugänglich und austauschbar?
- Ist eine schnelle und unkomplizierte Demontage möglich?

Zusätzlich ist die in Abschn. 3.3 vorgestellte Fügematrix von *Schwede und Störl* prädestiniert für eine Einschätzung und Überwachung der Fügebeziehungen zwischen den einzelnen Werkstoffen. Durch die Anwendung in der Konzeptionsphase der Elemente ist bereits in frühem Stadium ein Einwirken auf die Verbindungen zwischen den verwendeten Komponenten möglich. Demnach können die vorliegenden Fügungen nach dem Aufwand der Trennung bewertet werden und eine verbesserte Transparenz für den Rückbauprozess geschaffen werden. Eine Vorlage zur Bewertung in Anlehnung der Fügemethoden nach DIN 8593 ist dem Anhang beigefügt (s. Anhang). Der Index erstreckt sich zwischen ein und fünf Bewertungspunkten, wobei niedrige Werte als gut gelten. Eine gute Bewertung erhalten beispielsweise Werkstoffe, die durch Auf- oder Einlegen miteinander verbunden sind. Klebe- oder Schmelzverbindungen hingegen werden als schlecht bewertet. Die frühzeitige Erfassung der Fügebeziehungen gibt Aufschluss über die Modularität auf Bauteilebene und ist für die Einschätzung des Rückbauaufwands von erheblicher Bedeutung.

Darstellung der Verfahrenswege der Trennung

Die Rückbaufreundlichkeit wirkt sich insbesondere auf den anzuwenden Verfahrensweg der Trennung der Werkstoffe aus. Dieser kann in Abhängigkeit zur Lösbarkeit der einzelnen Werkstoffe projektunabhängig eruiert werden. Dem Bauherrn bietet sich die Möglichkeit, den ausführenden Unternehmen die notwendigen Daten zur Verfügung zu stellen, sodass diese eine Trennung in die ausgewiesenen Fraktionen vollziehen. Durch eine gute Informationsgrundlage kann der Ausführungsprozess beschleunigt und ein hochwertiger Verwertungsweg im Interesse des Unternehmens angestoßen werden.

Zusammenfassung

Das Konzept bezieht sich im ersten Schritt auf die projektunabhängig abzuleitenden Maßnahmen, die im Einzelnen ausführlich beschrieben wurden. Diese wurden weiterhin in die Abschnitte Entsorgung und Demontage unterteilt.

Für die Entsorgung bildet das Aufstellen einer Materialstrombilanz den grundlegenden Ausgangspunkt für die weitere Auseinandersetzung, sodass im ersten Schritt eine quantitative Bewertung der Massen vorgenommen werden kann. Anschließend werden die üblicherweise und nach Stand der Technik angewandten Verwertungs- und Entsorgungswege für die verwendeten Materialien aufgezeigt und durch die Vergabe eines Bewertungsfaktors mit den vorher ermittelten Massen in Verhältnis gesetzt. Auf dieser Basis werden Initiativen ergriffen, um den bestehenden Verwertungs- und Entsorgungsweg durch weitere Maßnahmen entweder auf Bauteil- oder auf Werkstoffebene zu optimieren.

Gleichzeitig ist projektunabhängig bereits eine Planung des Demontageprozesses möglich, indem die Rückbaufreundlichkeit des Gestaltungselementes und darauffolgend die Verfahrenswege der Trennung bestimmt werden. Sowohl die Planung der Entsorgung als auch der Demontage generieren Erkenntnisse, die wiederum in die Konzeptionsphase zurückgespiegelt werden, um perspektivisch bei der Produktentwicklung Berücksichtigung zu erhalten. Abb. 4.6 fasst die beschriebenen Zusammenhänge zwischen den projektunabhängigen Maßnahmen zusammen. In Zuge der Anwendung im Praxis-

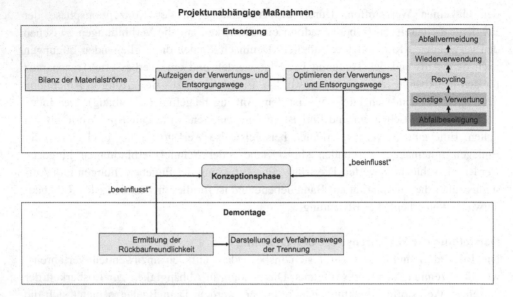

Abb. 4.6 Projektunabhängige Maßnahmen

zusammenhang dient eine Checkliste zur Überprüfung des unternehmerischen Standpunktes bei der Umsetzung der beschriebenen Maßnahmen (s. Anhang). Somit kann eine qualitative Einschätzung bezüglich bereits initiierter Maßnahmen getroffen und Potenziale erkannt werden. Das Maßnahmenpaket erhebt keinen Anspruch auf Vollständigkeit, sondern kann nach einer Validierung durch eine Anwendung in der Praxis um weitere Maßnahmen ergänzt werden.

4.3.2   Projektindividuelle Maßnahmen

Projektindividuelle Maßnahmen beziehen sich auf die Handhabe des Demontageprozesses auf Projektebene. Sie leiten sich größtenteils aus den in Abschn. 4.2.2 beschriebenen individuellen Standortfaktoren ab und weisen projektspezifische Unterschiede auf. Im Anschluss werden projektindividuelle Maßnahmen erläutert, welche erneut entweder der Entsorgung oder Demontage zugeordnet werden. Anschließend wird eine grobe Unterteilung von Einzelhandelsfilialen in Typenprofile vorgenommen. Diese unterstützen dabei, die bestehende Heterogenität einzugrenzen und Wechselwirkungen zwischen der Umsetzung von projektunabhängigen und projektindividuellen Maßnahmen aufzuzeigen.

Entsorgung

Optimierung der Transportentfernungen
Im Falle einer nationalen Aktivität des Einzelhandelsunternehmens ist von einem groß angelegten Netzwerk an kooperierenden Unternehmen auszugehen. Wie bereits

in Abschn. 4.2.2 beschrieben, divergieren daher die Projektbeteiligten auf Projekt-ebene, wodurch sich auch die Transportentfernungen zwischen Entsorgungsstätte und Demontageort projektspezifisch unterscheiden. Der Inhalt der vorliegenden Arbeit beschränkt sich auf die Entfernung zum ersten Entsorgungsbetrieb und befasst sich nicht mit dem nachgelagerten Entsorgungsweg.

Aus den Forschungen von *John und Stark* geht hervor, dass die Optimierung des Ent-sorgungsprozesses einer Feststellung der regionalen Rahmenbedingungen bedarf [4]. Die Arbeit nennt als Ansatz zur Optimierung der Transportentfernungen die Erfassung von regionalen Akteuren in einer Übersichtskarte. Auf Grundlage der Übersicht kann der naheliegendste Partner für eine Entsorgung ermittelt und die Distanzen verringert werden. Für Einzelhandelsunternehmen ist es sinnvoll, die involvierten Akteure projekt-bezogen auf deren Entfernung zu untersuchen und diesen Aspekt bei der Ausschreibung mitzuberücksichtigen. Die Transparenz über die verfügbaren Möglichkeiten ist hierbei ein wichtiger Entscheidungsfaktor. Weiterhin existieren diverse Dienstleister, die sich auf die Abholung von Bauabfällen spezialisiert haben und die Unternehmen diesbezüglich beraten und entlasten. Ein Beispiel ist die Firma Wastebox Deutschland GmbH, die eine Softwareanwendung zur transparenten Organisation der Baustellenentsorgung anbietet. Vorteilhaft an der Nutzung von Wastebox ist die flächendeckende Verfügbarkeit durch eine Zusammenarbeit mit einem Verband von bundesweiten Entsorgungshöfen, die ver-einfachte Abwicklung für den Kunden, eine erhöhte Flexibilität und ein transparentes Datenmanagement [11]. Über die Anwendung können günstig gelegene Entsorgungs-unternehmens gefunden und direkt beauftragt werden. Ebenso wird eine Massen-aggregation für die angefallenen Fraktionen erstellt. Für national agierende Unternehmen braucht es bestenfalls eine einheitliche Systematik zur Auswahl des passenden Ent-sorgungsunternehmen für den jeweiligen Standort, wofür die genannten Lösungsalter-nativen eine Möglichkeit bieten.

Optimierung der Verwertung auf Bauteilebene
Inventar ausbaufähiger Bauteile
Das Inventar der auszubauenden Gestaltungselemente muss ebenso projektspezifisch geprüft werden. Das hat den Hintergrund, dass die Elemente in Abhängigkeit zu den örtlichen Gegebenheiten, insbesondere dem vorhandenen Grundriss, unterschiedlich ausgeführt sein können. Demzufolge ist es erforderlich, die tatsächliche Ausführung und Beschaffenheit des Elements vor dem Ausbau zu reflektieren. Handelt es sich um eine größere Rückbaumaßnahme, werden im Regelfall mehrere Gestaltungselemente demontiert, sodass auch das Inventar nicht auf ein Element beschränkt ist. Dieser Umstand hat zur Folge, dass bei der regionalen Suche nach potenziellen Abnehmern ein umfassenderes Angebot mit mehreren Positionen offeriert werden kann.

Bewertung des Inventars
Auf Grundlage des Inventars muss im zweiten Schritt die Funktionsfähigkeit der Elemente untersucht werden. Hierbei gilt es zu prüfen, inwiefern ein Element in Anbetracht der

Abnutzung für eine Weiternutzung geeignet ist. Außerdem wird bereits der notwendige Aufbereitungsaufwand abgeschätzt, der Voraussetzung für eine Wiederverwendung ist. Die Bewertung kann durch Sichtprüfung eines Experten wie beispielsweise dem Hersteller oder dem Entsorger erfolgen. Hierzu muss bereits im Vorfeld ein Termin geplant werden, in dessen Rahmen eine Untersuchung der Gestaltungselemente stattfindet. Anhand des Zustands kann weiterhin bereits die Suche nach Abnehmern eingegrenzt werden, da bei zu hohem Aufbereitungsaufwand eine Spende einem Verkauf vorzuziehen wäre.

Suche nach Abnehmern
Die Suche nach Abnehmern wird nur angestoßen, wenn das Gestaltungselement für einen Weiterverkauf geeignet ist und kein Bezug zur Corporate Identity besteht. Die Forschungsresultate von *John und Stark* spiegeln wider, das die regionale Suche nach Abnehmern im Sinne der Nachhaltigkeit vermehrt Erfolg verspricht. Der Aufbau von Netzwerken für den Handel mit Baubestandteile wie z. B. Bauteilbörsen ist demnach wichtiger Part bei der Wiederverwendung im Bauwesen. Die Identifikation potenzieller Abnehmer und Akteure innerhalb der Region, in der das Projekt durchgeführt wird, kann somit als Aufgabe im Sinne eines nachhaltigen Ressourcenumgangs verstanden werden. Die Erfassung der bestehenden Organisationsstruktur sowie der Austausch mit Abnehmern und deren aktive Beteiligung an der eigenen Entsorgungsstrategie können unterstützen, das Unternehmen stärker in das bestehende Netzwerk zu integrieren.

Optimierung der Verwertung auf Werkstoffebene
Kontrolle der sortenreinen Trennung
Elementar für die Abwicklung der geplanten Verwertung auf Werkstoffebene ist die Kontrolle der sortenreinen Trennung sowie die Erfassung der tatsächlich angefallenen Massen während der Projektabwicklung. Eine pflichtbewusste Trennung während des Rückbaus entlastet die Entsorgungsunternehmen und führt zeitgleich zu Einsparungen, da eine Vergütung bestimmter Fraktionen wahrscheinlicher wird. Somit werden sowohl ökologische als ökonomische Qualitäten bedient. Die Bau- beziehungsweise Projekt-leitung muss frühzeitig eingewiesen werden, auf welche Weise eine Kontrolle durch-zuführen ist. Geeignete Verfahren zur Verifikation sind eine Dokumentation durch Lichtbilder, den Baustelleneinrichtungsplan oder Praxisbelege [7]. Zu Dokumentations-zwecken ist ein nachvollziehbares Ablagesystem für die entstandenen Daten zu implementieren. Da als Zielstellung und Pflicht durch das KrWG die maximale Separation vorgegeben wird, ist ein Abweichen von den Grundsätzen argumentativ zu rechtfertigen. Eine getrennte Sammlung wird dementsprechend nur bei technischer Unmöglichkeit und wirtschaftlicher Unzumutbarkeit obsolet. Projektbezogen muss vor der Planung des Trennkonzeptes folglich eine Untersuchung hinsichtlich dieser Aspekte erfolgen. Zusätzlich sind die Entsorgungsnachweise pflichtbewusst zu führen, da diese unter Umständen den zuständigen Behörden vorzuweisen sind. Aus der Dokumentation der Nachweise ergibt sich weiterhin der Vorteil, dass die vorab aufgestellte Material-strombilanz mit den tatsächlich angefallenen Massen abgeglichen werden kann.

Demontage

Risikoanalyse und -bewertung
Da die Rückbaukosten projektindividuellen Unsicherheiten unterliegen, ist es förderlich, eine Risikobetrachtung auf Projektebene durchzuführen. Die Risiken, die bei der Demontage der Gestaltungselemente eintreten können, sind mit einer verhältnismäßig geringen Eintrittshöhe zu beziffern. Risiken können beispielsweise in Schnittstellen zu umliegenden Bestandsgebäuden, mangelnden Kapazitäten, Baupreissteigerungen oder den Interessen der betroffenen Anspruchsgruppen wie Anwohnern oder Vermieter liegen.

All diese Risiken können im schlimmsten Fall in einem Baustopp münden, welcher Mehrkosten und Verzögerungen in der Projektabwicklung nach sich zieht sowie für das Unternehmen einen Umsatzverlust bedeutet. Aus diesem Grund ist es sinnvoll, vorab eine Risikobewertung vorzunehmen und bereits vorbeugende Maßnahmen zu ergreifen. Aus ökonomischer Sicht wird hierdurch die Finanzierung abgesichert und somit maßgeblich der Erfolg des Projektes beeinflusst.

Transparentes Nachtragsmanagement
Abweichungen von den vereinbarten Leistungen sollten durch ein transparentes Nachtragsmanagement erfasst werden. Werden Nachträge geltend gemacht werden, ist der geschuldete Leistungsumfang deshalb schriftlich und transparent darzulegen und offiziell zu beauftragen. Potenzielle Nachträge können im Zuge der Risikobetrachtung bereits vorab aufgeführt werden, sodass diese nicht unerwartet eintreten und in der Kalkulation berücksichtigt sind. Hierdurch werden die finanziellen Risiken frühzeitig eliminiert.

Entsorgung + Demontage

Schätzung der Rückbaukosten
Die Rückbaukosten lassen sich untergliedern in Kosten für die Demontage und für die anschließende Entsorgung und Verwertung. Unter Kosten für die Demontage fallen Personal- und Gerätekosten, Kosten für die Baustelleneinrichtung und die Überwachung des Prozesses [7]. Die Kosten für die Demontage sind abhängig vom zugrundliegenden Demontageaufwand und somit projektunabhängig bereits über eine rückbaufreundliche Konzeption beeinflussbar. Allerdings führt die heterogene Partnerstruktur zu einem unterschiedlichen Preisbild bei den ausführenden Unternehmen. Ein einheitlicher Leistungspreis ist aufgrund regionaler Gegebenheiten bei der Auswahl der Partner schwer zu erwirken und daher unrealistisch. Vielmehr muss projektbezogen eine Kostenerhebung erfolgen, die sich in einem vorgegebenen Toleranzbereich befindet.

Auch die Entsorgungs- und Verwertungskosten unterscheiden sich projektspezifisch und sind von mehreren Faktoren abhängig. Zum einen sind die Preise für die Containerstellung nicht fix, sondern durch regionale Gegebenheiten beeinflusst. Hier spielen in erster Linie die Kapazitäten und die Verteilung von Entsorgern in einer Region eine Rolle. Geringere Kapazitäten bedeuten im Regelfall steigende Preise für die Sammelbehälter. Gleichzeitig schwanken die Preise für die Entsorgung allgemein, da diese abhängig von Angebot und Nachfrage am Weltmarkt sind. Allgemeingültige Aussagen, die sich auf die Kosten für die Entsorgung eines Gestaltungselements beziehen, sind deshalb nur vage zu treffen und eine projektindividuelle Kostenschätzung notwendig.

Zusätzlich werden die Gestaltungselemente typischerweise im Zuge eines Klein- oder gar Komplettumbaus der Filiale rückgebaut. Dies hat zur Folge, dass die Kosten für die Demontage des einzelnen Elements auch im Nachgang schwer nachvollziehbar sind. Eine valide Aussage über die tatsächlich und ausschließlich für die Demontage des Gestaltungselements angefallenen Kosten setzt eine detaillierte Aufschlüsselung der Kosten in der Schlussrechnung voraus.

Definition von Typenprofilen
Durch die Zusammenfassung von Eigenschaften eines Filialtyps in Form der beschriebenen Typenprofile soll der bestehenden Heterogenität entgegengewirkt und der Umgang auf Projektebene gesteuert werden.

Es erfolgt eine Kategorisierung in drei grundlegende Typen, denen jeweils ein Basis-Profil zugeordnet wird:

- Filialtyp A = Fachmarktlage
- Filialtyp B = Innenstadtlage
- Filialtyp C = Centerlage

Ziel ist es, die Einflüsse der jeweiligen Variante auf die Umsetzung der Zielkriterien bestmöglich einzugrenzen. Gleichzeitig soll durch eine Reaktion auf die Gegebenheiten eine Einhaltung der Mindestanforderungen zur Umsetzung des Konzeptes erfolgen. Es handelt sich hierbei lediglich um Annahmen, weswegen eine Verifikation auf Projektebene notwendig ist. Hierfür wird ebenso eine Checkliste für die projektindividuellen Maßnahmen erarbeitet. Diese ist konzipiert, um die Typenprofile kontinuierlich weiterzuentwickeln und den Erfolg der Abwicklung zu kontrollieren.

Fachmarktlage
Die Fachmarktlage zeichnet sich durch einen attraktiven, meist ausgelagerten Standort aus. Das Gebäude kann hierbei alleinstehen oder Teil einer Agglomeration verschiedener Einzelhandelsmärkte sein. Im Betrieb ist von einer geringeren Kundenfrequenz dafür aber von einem höheren Einkaufsvolumen pro Kunden auszugehen. Der Fachmarkt verfügt aufgrund der peripheren Lage und des Einkaufsverhaltens der Kunden über ausreichend Stellplätze, die nach Landesbaurecht vorgeschrieben sind. In Baden-Württemberg beträgt die Anzahl der Stellplätze nach Landesbauordnung (LBO) für Verkaufsflächen bis 700 m^2 einen Stellplatz je 30–50 m^2 Verkaufsnutzfläche. Bei einer Fläche von über 700 m^2 ist ein Stellplatz je 10–30 m^2 Verkaufsnutzfläche auszuführen [12]. Die Filiale umfasst einen Einzugsbereich von mindestens 20.000 Kunden. Aufgrund der Rahmenbedingungen wurden die in Tab. 4.4 aufgeführten Annahmen

Tab. 4.4 Annahmen Filialtyp A

Annahmen	Einfluss auf Demontage und Entsorgung
1. Gebäude befindet sich unter Umständen im Eigenbesitz	Keine Vorgaben bezüglich des Ablaufs und uneingeschränkte Flexibilität in der Planung
2. Geringe Abhängigkeit zu Anliegern	Wenig Rücksichtnahme auf Umfeld bei der Durchführung der Demontage
3. Eigene Stellfläche für Container durch zugehörige Stellplätze	Technische Möglichkeit einer sortenreinen Trennung gegeben
4. Gute Erreichbarkeit der Fläche (Im Regelfall eingeschossige Gebäude)	Kein Mehraufwand (Kosten, Zeit) beim Transport zu erwarten
5. Problemlose Anliefer- und Abholsituation	Kein Mehraufwand (Kosten, Zeit) beim Transport zu erwarten
6. Ladenlokal mit größerer Grundrissfläche	Option einer Zwischenlagerung von Abfallfraktionen auf der Fläche gegeben

getroffen, die Einfluss auf die Demontage und Entsorgung der Gestaltungselemente haben. Der Fachmarkt ist bezogen auf die Voraussetzungen für die Demontage der Idealtyp, da wenig bis keine Einschränkungen bei der Umsetzung von projektunabhängigen Maßnahmen zu erwarten sind. Eine großzügige Grundrissfläche bietet darüber hinaus den Vorteil, Fraktionen auf der Fläche zwischenzulagern und zu späterem Zeitpunkt abholen zu lassen.

Hierdurch kann die Anzahl der benötigten Sammelbehälter reduziert werden, da die Fraktionen nicht gleichzeitig, sondern nacheinander abgeholt werden. Allerdings ist kritisch zu hinterfragen, inwieweit das Volumen der einzelnen Behälter in diesem Fall angepasst werden müsste, damit eine optimale Auslastung erreicht und unnötige Transportwege vermieden werden.

Innenstadtlage
Innenstadtlagen haben ihren Standort zentral in Innenstädten oder Stadtteilen. Die Filialen sind hoch frequentiert, zielen jedoch auf ein geringeres Einkaufsvolumen der Kunden ab. Aufgrund der dichten Besiedelung im städtischen Umfeld ist die Verfügbarkeit von Flächen für Stellplätze nur eingeschränkt gegeben. Die Filialen erfüllen daher lediglich das Mindestmaß an vorgeschriebenen Stellplätzen durch die LBO, welches zwei Stellplätze pro Laden vorsieht [12]. Aufgrund der oftmals heterogenen Bebauung in Innenstädten ist bei diesem Filialtyp die Bausubstanz vor Durchführung der Rückbaumaßnahmen intensiviert zu untersuchen. Objekte sind oftmals mehrgeschossig ausgeführt. Außerdem handelt es sich nur in Ausnahmefällen um Neubauten, weshalb besondere Vorschriften beispielsweise bezüglich des Denkmalschutzes existieren können. Der Einzugsradius einer Innenstadtlage umfasst ebenfalls mindestens 20.000 potenzielle Kunden. Aus den Rahmenbedingungen hervorgehende Annahmen sind in Tab. 4.5 konsolidiert.

Tab. 4.5 Annahmen Filialtyp B

Annahmen	Einfluss auf Demontage und Entsorgung
1. Mietverhältnis	Vorgaben und Abhängigkeiten, die aus dem Mietverhältnis entstehen
2. Hohe Abhängigkeit zu Anliegern	Vermehrte Rücksichtnahme auf Umfeld bei der Durchführung der Demontage
3. Begrenzte eigene Stellfläche für Container durch zugehörige Stellplätze	Technische Möglichkeit einer sortenreinen Trennung unter Umständen nicht gegeben
4. Evtl. Erschwerte Erreichbarkeit der Fläche (Ein- oder mehrgeschossige Gebäude)	Mehraufwand (Kosten, Zeit) beim Transport zu erwarten
5. Evtl. erschwerte Anliefer- und Abholsituation	Mehraufwand (Kosten, Zeit) beim Transport zu erwarten
6. Ladenlokale mit geringerer Grundrissfläche	Option einer Zwischenlagerung von Abfallfraktionen auf der Fläche nur begrenzt gegeben

Projektunabhängige Maßnahmen müssen für die Anwendung in Innenstadtlagen unter Umständen angepasst werden, da die örtlichen Gegebenheiten eine Umsetzung verhindern können. Beispielsweise kann durch die beschränkte Anzahl an Stellplätzen nicht ausreichend Fläche für das Aufstellen von Containern zur sortenreinen Trennung verfügbar sein. In diesem Fall müssen Alternativen eruiert werden. Als Lösungsansatz ist z. B. das Anmieten zusätzlicher Stellflächen während des Rückbauzeitraums möglich, welches jedoch das Einholen der benötigten Genehmigungen und somit erhöhten Planungsaufwand zur Folge hat. Aus dem Mietverhältnis können Auflagen resultieren, die im Rahmen des Demontageprozess einzuhalten sind. Von besonderer Bedeutung ist hierbei der Rückbauumfang, der bei Verlassen der Verkaufsräume und der Rückübergabe der Fläche zu erbringen ist. Hier unterscheiden sich je nach Vermieter die Anforderungen, sodass projektindividuell eine Überprüfung zu erfolgen hat. Die Auswirkungen des Rückbauumfangs auf den Demontageprozesses der Gestaltungselemente werden an späterer Stelle erläutert.

Centerlage

Filialen in Centerlage sind Teil eines räumlichen und organisatorischen Zusammenschlusses verschiedener Einzelhandelsgeschäfte in einem Gebäudekomplex.

Nach § 11 Abs. 3 Satz 1 Nr. 1 der Baunutzungsverordnung (BauNVO) wird ein Einkaufszentrum als eine räumliche Konzentration von Einzelhandelsbetrieben verschiedener Art und Größe definiert. Außerdem ist anzunehmen, dass die Landelokale für den Kunden verbunden in Erscheinung treten [13]. Die Centerlage grenzt sich klar von einer Fachmarkt-Agglomeration ab, da die integrierten Ladenlokale über geringere Grundrissflächen verfügen und ein übergreifendes Stellplatzangebot für den Gesamtkomplex vorhanden ist. Die Anlage verfügt im Regelfall über eine zentrale Anlieferung, weshalb für die Betriebe mit erhöhten Abhängigkeiten zu rechnen ist. Dies kann

Tab. 4.6 Annahmen Filialtyp C

Annahmen	Einfluss auf Demontage und Entsorgung
1. Mietverhältnis	Vorgaben und Abhängigkeiten, die aus dem Mietverhältnis entstehen
2. Sehr hohe Abhängigkeit zu Anliegern	Vermehrte Rücksichtnahme auf Umfeld bei der Durchführung der Demontage
3. Keine eigene Stellfläche für Container	Technische Möglichkeit einer sortenreinen Trennung nicht gegeben
4. Erschwerte Erreichbarkeit der Fläche (mehrgeschossige Gebäude)	Mehraufwand (Kosten, Zeit) beim Transport zu erwarten
5. Erschwerte Anliefer- und Abholsituation mit zusätzlichen Abhängigkeiten (Zentralanlieferung)	Mehraufwand (Kosten, Zeit) beim Transport zu erwarten
6. Ladenlokale mit geringerer Grundrissfläche	Option einer Zwischenlagerung von Abfallfraktionen auf der Fläche nur begrenzt gegeben

beispielsweise bedeuten, dass die Abfuhr von Abfällen nach Maßgabe der vom Vermieter ergehenden Anweisungen zu erfolgen hat.

Tab. 4.6 fasst die Annahmen für den Filialtypen C zusammen. Für Filialen, auf welche die genannten Annahmen zutreffen, ist ein vorhandenes Konzept nur erschwert anwendbar. Demnach sind im Vorfeld umfassende Untersuchungen notwendig, inwieweit das Konzept auf die zugrundliegenden Gegebenheiten anzupassen ist. Der Anpassungsbedarf wird in diesem Fall als besonders hoch eingeschätzt.

Zusammenfassung

Durch die verschiedenen Besonderheiten und Anforderungen des Einzelhandels ist eine Beschränkung auf die Durchführung projektunabhängiger Maßnahmen nur bedingt zielführend. Auf Projektebene ist daher sowohl die Umsetzbarkeit des vorab entwickelten Demontage- und Entsorgungskonzeptes zu prüfen als auch die in diesem Kapitel erläuterten projektspezifischen Maßnahmen zu realisieren. Die Umsetzung bereits definierter Maßnahmen hängt hierbei von den gegebenen Voraussetzungen am Standort ab.

Die Eingrenzung der bestehenden Heterogenität in Form der Typenprofile schafft eine Grundlage, auf Basis derer Lösungen auf Projektebene eruiert werden können. Insbesondere wird der Aufwand deutlich, der für die Anpassung des Konzeptes auf den jeweiligen Filialtyp zu erbringen ist. Somit wird hinsichtlich des Demontage- und Entsorgungsprozesses perspektivisch eine erhöhte Transparenz geschaffen. In diesem Kontext ist es wichtig hervorzuheben, dass es einer konstanten Weiterentwicklung der Profile bedarf, um einen adäquaten Einsatz in der Praxis zu ermöglichen. Getroffene Annahmen sollten durch die Aggregation von Daten verifiziert sowie weitere Annahmen ergänzt werden. Der Entscheidungsprozess bei der Einordnung der Typenprofile zum Status quo kann Abb. 4.7 entnommen werden.

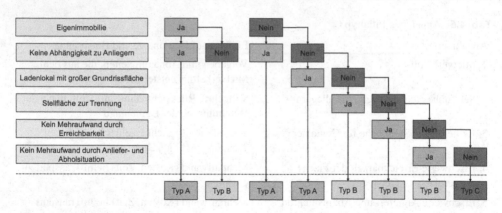

Abb. 4.7 Entscheidungsprozess Typenprofile

Ob die bisher festgelegten Typenprofile ausreichen, um jede vorkommende Form von Gebäude im Einzelhandel hinlänglich zu beschreiben, ist als kritisch zu erachten. Vielmehr wird eine weitere Spezifikation in Unterkategorien offengehalten, sodass nach einer Anwendung im Praxiszusammenhang eine Erweiterung erfolgen kann. Eine weitere Untergliederung kann für die Filialtypen exemplarisch folgendermaßen strukturiert sein:

- Filialtyp A-1: Alleinstehender Fachmarkt
- Filialtyp A-2: Fachmarktagglomeration
- (…)
- Filialtyp B-1: Innenstadtlage Fußgängerzone
- Filialtyp B-2: Innenstadtlage Stadtteil
- (…)
- Filialtyp C-1: Innerstädtisches Einkaufszentrum
- Filialtyp C-2: Ausgelagertes Einkaufszentrum
- (…)

Zu den genannten charakteristischen Eigenschaften der Typenprofile existieren weitere Aspekte, die projektspezifisch bei der Anwendung des Konzeptes geprüft werden müssen. Hierunter fallen insbesondere die geografische Lage des Standortes sowie der vorliegende Rückbauumfang des Gesamtprojektes.

Die geografische Lage beeinträchtigt in erster Linie die Optimierung der Verwertungswege sowie die Suche nach regionalen Abnehmern. Dies gilt sowohl für die Suche nach regionalen Käufern über Bauteilbörsen als auch für die Wiederverwendung der Elemente in einem anderen Markt.

Der Einfluss des Rückbauumfanges liegt vorrangig auf der ökonomischen Qualität, da eine Aufschlüsselung der Kosten auf das betrachtete Gestaltungselement unter Umständen nicht mehr möglich ist. Wird im Zuge eines Rückbaus beispielsweise das komplette Ladenlokal rückgebaut, bezieht sich die Kostenschätzung auf die Gesamtheit der anfallenden Kosten und nicht allein auf das Gestaltungselement. Außerdem ist der Rückbauumfang mitbestimmend dafür, ob eine Filiale geschlossen oder weiterhin betrieben wird. Da aus einer Schließung ein Umsatzverlust resultiert, ist dieser Faktor bezüglich der Wirtschaftlichkeit der Demontage ebenfalls von Bedeutung. Die Checkliste für die Anwendung im Praxiszusammenhang schließt diese Aspekte daher mit ein (s. Anhang).

Literatur

1. Felkai, R., Beiderwieden, A. (2013). Erstellen eines Entwicklungskonzepts. In: Projektmanagement für technische Projekte. Springer Vieweg, Wiesbaden.
2. DIN 276 (2018) Kosten im Bauwesen. Beuth, Berlin.
3. Bundesministerium des Innern, für Bau und Heimat (2018) Baufachliche Richtlinie Recycling, Berlin.
4. John, V.; Stark, T. (2021) Wieder- und Weiterverwendung von Baukomponenten (RE-USE). BBSR-Online-Publikation, Bonn.
5. Etzel, E. (2020) „Der Einzelhandelsladen der Zukunft" Kann durch Cradle to Cradle eine neue Qualität der Nachhaltigkeit für Gebäude des Einzelhandels erreicht werden?. Dissertation. Leuphana Universität Lüneburg, Lüneburg.
6. Schulte, K.-W.; Bone-Winkel, S.; Schäfers, W. (2016) Immobilienökonomie. I: Betriebswirtschaftliche Grundlagen. 5. Aufl. De Gruyter, Oldenburg.
7. Deutsche Gesellschaft der Nachhaltigkeit (2022) Rückbau-Tool.
8. Hafner, A; Krause, K.; Ebert, S.; Ott, S.; Krechel, M. (2020) Ressourcennutzung Gebäude: Entwicklung eines Nachweisverfahrens zur Bewertung der nachhaltigen Nutzung natürlicher Ressourcen. Ruhr-Universität Bochum, Bochum.
9. USEDmarket (2022) Leistungen & Service. Online abrufbar unter https://usedmarket.com/Leistungen-Service/-filialraeumung (05.08.2022).
10. Schmitt, J. C.; Hansen, E. G. (2022). Cradle-to-Cradle-Innovationsprozesse gestalten: erfolgreiche Produktentwicklung in der Circular Economy. Johannes-Kepler-Universität Linz.
11. Wastebox Deutschland GmbH (2022) Leistungen von wastebox..biz im Überblick. Online abrufbar unter https://www.wastebox.biz/de/unsere-leistungen/ (10.08.2022).
12. Land Baden-Württemberg (2021) Landesbauordnung für Baden-Württemberg – LBO.
13. Bundesministerium der Justiz (2021) Verordnung über die bauliche Nutzung der Grundstücke (Baunutzungsverordnung – BauNVO).

5.1 Ausgangssituation

Die dm-Vermögensverwaltungsgesellschaft mbH verantwortet im Rahmen der Expansion die Begleitung des gesamten Lebenszyklus einer Filiale, der sich von der Akquisition über die Planungs-, Bau- und Betriebsphase bis hin zum Rückbau und der Schließung erstreckt. Die Einrichtung der Filiale und die Gestaltung des Ladenbilds nimmt hierbei eine zentrale Stellung in Bezug auf die Kundenwahrnehmung ein. Um die Wettbewerbsfähigkeit zu sichern, werden regelmäßig weitere Maßnahmen zur Modernisierung des Filialportfolios angestoßen. Als bevorstehende Maßnahme ist die Einbringung eines neuen Ladenbilds in den Bestandsfilialen geplant, in Zuge dessen die nachhaltige Demontage und Entsorgung der Gestaltungselemente zu planen ist.

Als Exempel wurde der Planungsprozess und die Umsetzung des Konzeptes am Beispiel des Fotomöbels „APEX" durchlaufen. Die Anwendung unterliegt der Restriktion, dass zum Zeitpunkt der Erstellung der vorliegenden Arbeit ausschließlich die Planung und nicht die Durchführung der Maßnahmen erfolgt. Der Inhalt beschränkt sich daher vorwiegend auf die Anwendbarkeit der projektunabhängigen Maßnahmen Für die Verifizierung der projektindividuellen Maßnahmen wurde eine Einteilung und Planung anhand der Rahmenbedingungen eines anstehenden Projektes fiktiv durchlaufen. Zur Verifizierung werden zuerst die in Abb. 4.6 dargestellten Maßnahmen durchgeführt sowie in der Anwendung auftretende Herausforderungen identifiziert. Die Ausgangssituation sowie die erhofften Ziele aus der Anwendung des Konzeptes können wie folgt beschrieben werden:

J. Scharke, *Nachhaltige Rückbau- und Entsorgungsplanung,* Entwicklung neuer Ansätze zum nachhaltigen Planen und Bauen, https://doi.org/10.1007/978-3-658-41378-1_5

IST – Zustand

- Kein einheitlicher Prozess zur Demontage und Entsorgung der Ladenbildelemente
- Wenig Transparenz über tatsächlichen Verwertungs- und Entsorgungsweg
- Im Regelfall keine sortenreine Trennung
- Überwiegend Sammlung in Baumischcontainern
- Zeit und Wirtschaftlichkeit wichtigste Triebfedern

SOLL – Zustand

- Standardisierter Demontage- und Entsorgungsprozess
- Erfüllung der Mindestanforderung zur sortenreinen Trennung
- Lebenszyklusbetrachtung in der Konzeption verankern
- Erhöhte Transparenz über Verwertungs- und Entsorgungsweg schaffen
- Prozessführung bei der Demontage über Vorgaben steuern

5.2   Verifizierung

5.2.1   Projektunabhängige Maßnahmen

Erstellung einer Materialstrombilanz

Den Ausgangspunkt der weiteren Auseinandersetzungen markiert die Erstellung einer Materialstrombilanz. Hierfür wird im ersten Schritt eine Abfrage bezüglich der verwendeten Materialien und Mengen beim Hersteller initiiert. Anteilig besteht das Gestaltungselement überwiegend aus Holzkomponenten, wobei es sich zu großen Teilen um Verbundwerkstoffe handelt. Insgesamt besteht das Element aus 70 verschiedenen Materialien, weshalb eine Eingrenzung der Stoffbilanzierung auf die Holzbestandteile aus Effizienzgründen als sinnvoll erachtet wird. Aufgrund des geringen Anteils anderer Fraktionen werden diese im Zuge der vorliegenden Arbeit nicht berücksichtigt. Hinsichtlich der eingesetzten Massen konnte vom Hersteller keine genaue Aussage getroffen werden, da diese Daten aufgrund des Bezugs von Industrieherstellern für dessen Produktionsabläufe schwer nachvollziehbar sind. Als Alternativlösung wird eine Auswertung der zugrunde liegenden technischen Zeichnungen vorgenommen, sodass das ungefähre Mengenvolumen der verwendeten Komponenten ermittelt werden konnte. Die Ergebnisse der Auswertung für die Holzbestandteile sind in Tab. 5.1 nachfolgend dargestellt.

Ergänzend wird ebenfalls die Kategorisierung der Werkstoffe in Altholzklassen in die Materialstrombilanz integriert, da diese für die weitere Verwertung eine wichtige Rolle spielen. Durch die Kategorisierung in die Altholzklassen kann später die Mindestanforderung der Trennung abgeleitet werden.

Tab. 5.1 Materialstrombilanz Holz Gestaltungselement APEX

Abfallschlüssel	Bezeichnung der Fraktion	Werkstoff	Altholzklasse	Anfallende Mengen [m³]	[%-Anteil]
17 02 01	Holz	Spanplatte (M1/M2)	II	0,097	2,78 %
17 02 01	Holz	Spanplatte Alu gebürstet (M7)	II	0,903	25,84 %
17 02 01	Holz	Spanplatte HPL-Beschichtung (M 8/6)	II	2,169	62,06 %
17 02 01	Holz	MDF-Platte Alu gebürstet (M13 7)	II	0,013	0,37 %
17 02 01	Holz	MDF-Platte HPL-Beschichtung (M13 8/6)	II	0,148	4,23 %
17 02 01	Holz	Spanplatte Melamin-Beschichtung (M4/M5)	II	0,165	4,72 %

Es wird ersichtlich, dass Spanplatten mit High Pressure Laminate (HPL)-Beschichtung prozentual den höchsten Anteil an den Holzbestandteilen ausmachen. Alle verwendeten Materialien werden in Anlehnung an die Altholzverordnung (AltholzV) der Altholzklasse II zugeteilt, da es sich bei den Werkstoffen um *„verleimtes, gestrichenes, beschichtetes, lackiertes oder anderweitig behandeltes Altholz ohne halogenorganische Verbindungen in der Beschichtung und ohne Holzschutzmittel"* [1] handelt. Insgesamt ergibt die Auswertung ein Volumen von 3,495 m³ für die betrachtete APEX-Variante.

Herausforderungen
Die Erstellung der Materialstrombilanz für das Gestaltungselement wurde von mehreren Herausforderungen erschwert. Vorneweg ist die Beschränkung der Auswertung auf die Holzkomponenten anzuführen, da diese hinsichtlich des Mengenanteils den Hauptbestandteil des Gestaltungselementes ausmachen. Der hohe Aufwand bei der Datenbeschaffung ist vor allem dadurch begründet, dass von den Herstellern keine ausführliche Datengrundlage zur Verfügung gestellt werden konnte und deshalb eine eigenständige Analyse erfolgte. Eine grundlegende Herausforderung liegt somit in der Beschaffung der benötigten Daten. Der Nutzen einer Materialstrombilanz hängt stark von der Qualität der zugrunde liegenden Daten ab, weshalb eine unvollständige oder ungenaue Datenlage die Aussagekraft mindert. Die Auswertung der technischen Zeichnungen zur Datenerhebung

kommt in diesem Zusammenhang lediglich einer Schätzung gleich. Zwar wird die Plausibilität in Abstimmung mit den Herstellern geprüft, allerdings liefert die Methode bei der Anwendung nicht das gewünschte Maß an Verlässlichkeit. Es bedarf somit unbedingt einer Verifizierung anhand eines Pilotprojektes, um einen Abgleich zwischen SOLL- und IST-Zustand zu ermöglichen.

Aufzeigen der Verwertungs- und Entsorgungswege
Der Verwertungsweg der Holzkomponenten wird aus Tab. 4.2 entnommen. Demnach ist nach Stand der Technik für einen Anteil von 11,5 % der Holzwerkstoffe eine stoffliche Wiederverwertung als Sekundärrohstoff möglich, während 88,5 % energetisch verwertet werden. Dieser Umstand ergibt die folgenden Bewertungsfaktoren in Anlehnung an Tab. 4.3, die mit den aus der Materialstrombilanz hervorgegangenen Mengen in Relation gesetzt werden.

- Wiederverwertung durch Entsorger = Bewertungsfaktor: 0,3
- Endgültige thermische Verwertung = Bewertungsfaktor: 0,6
    Relative Mengen = 0,115 * 3,495 m^3 * 0,3 + 0,885 * 3,495 m^3 * 0,6 = **1,976 m^3**

Herausforderungen
Beim Aufzeigen der Verwertungsmöglichkeiten ist kritisch zu hinterfragen, inwieweit die genannten Anteile auf den vorliegenden Fall adaptiert werden können. Konkret ist eine Bestätigung der Anteile durch den Hersteller oder einen Experten erforderlich, der über ein ausgeprägtes Fachwissen verfügt. Zusätzlich spielen für die Verwertung bereits Aspekte wie das Trennkonzept eine Rolle, da eine akkurate und sortenreine Trennung eine hochwertigere Verwertung fördert. Das Treffen einer pauschalen Aussage ist daher nur eingeschränkt möglich.

Optimierung der Verwertungs- und Entsorgungswege
Die Optimierung der Verwertungs- und Entsorgungswege erfolgt durch eine Orientierung an den in Tab. 4.3 aufgezeigten Verwertungswegen für die Gestaltungselemente.

Optimierung auf Bauteilebene

Abfallvermeidung
Die Abfallvermeidung durch den Verzicht auf einzelne Komponenten ist in dem vorliegenden Beispiel hinfällig, da durch den Abschluss der Konzeptionsphase die nachträgliche Einwirkung auf den Aufbau des Elements unmöglich ist. Das Konzept wird rückwirkend einbezogen, da die Konzeption bereits vollständig abgeschlossen ist und auch der Roll-Out zukünftig nicht mehr forciert wird. Daher kann lediglich ein Impuls für perspektivische Entwicklungen an die Beteiligten zurückgespielt werden kann.

Wiederverwendung

Die interne Prüfung ergibt, dass ein Verkauf des Elements nicht gestattet ist, da die Gestaltungselemente in eindeutigem Bezug zur Corporate Identity stehen. Somit entfallen die Optionen eines Weiterverkaufs und einer Spende. Ein Mietmodell ist ebenso wie der Verzicht auf Komponenten ausschließlich in der Konzeptionsphase zu beeinflussen und daher ebenfalls rückwirkend nicht umsetzbar. Die interne Wiederverwendung wäre für das Gestaltungselement projektindividuell zu evaluieren und kann ohne ein konkretes Projekt nicht eingeschätzt werden. Eine Wiederverwendung ist demzufolge zum aktuellen Stand entweder auszuschließen oder nicht abschätzbar.

Optimierung auf Werkstoffebene

Recycling

Die Möglichkeit eines potenziellen Recyclings kann tendenziell für alle verwendeten Werkstoffe geprüft werden. Allerdings beschränkt sich die Analyse in Anbetracht der vorhergehenden Ausführungen auf die verwendeten Holzkomponenten. Diese wurden im ersten Schritt in der Materialstrombilanz erfasst. Die Informationen zu den Materialien wurden durch die Beschaffung der technischen Datenblätter von den Herstellern ergänzt. Anschließend wurden Gespräche mit Prozessbeteiligten geführt, um eine verbesserte Einschätzung des Recyclingpotenzials der Holzwerkstoffe zu erhalten. Die Evaluierung ergab, dass eine stoffliche Verwertung und Wiederverwertung als Sekundärmaterial technisch möglich ist. Nach Ansicht der Gesprächspartner ist eine stoffliche Verwertung umsetzbar, setzt allerdings voraus, dass der jeweilige Entsorger ausführlich in Kenntnis gesetzt wird sowie eine sortenreine Trennung der Fraktion in Altholzklasse II sichergestellt ist. Als Zielsetzung wird somit die komplette stoffliche Verwertung vorgegeben, welche die nachfolgende Anpassung der relativen Massen zur Folge hat. Die Mindestanforderung für die sortenreine Trennung ist folglich, dass Holzwerkstoffe der Altholzklasse II gesondert zu trennen sind.

Abb. 5.1 stellt die Vorgehensweise bei der Optimierung der Verwertungs- und Entsorgungswege zusammenfassend dar. Es wird ersichtlich, dass die Orientierung an den Hierarchiestufen bei der Umsetzung des Konzeptes im Vordergrund steht. Um die Optimierung auf Bauteilebene zu erreichen, sind die aufgeführten Optionen zukünftig in der Konzeptionsphase zu prüfen und entscheidungsbildend zu berücksichtigen.

Für das Beispiel wurde nach abgeschlossener Analyse und Formulierung der Zielvorgabe folgender Bewertungsfaktor angesetzt:

- Wiederverwertung durch Entsorger = Bewertungsfaktor: 0,3
  Relative Mengen = $1,0 * 3,495 \ m^3 * 0,3 = \mathbf{1,05 \ m^3}$
  Verhältniswert = $1,05 \ m^3/1,976 \ m^3 = 0,53 = 53 \ \%$

Eine komplette stoffliche Verwertung der Holzwerkstoffe reduziert die relativen Mengen um knapp die Hälfte und würde somit eine eindeutige Optimierung des Prozesses

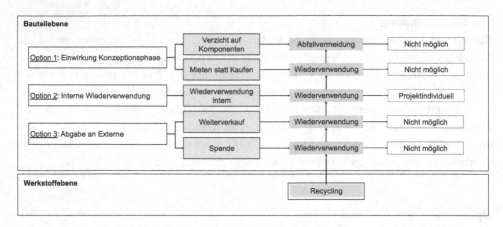

Abb. 5.1 Vorgehensweise bei der Optimierung des Verwertungsweges

bedeuten. Um die Machbarkeit der neuen Zielvorgabe zu untersuchen, ist die Durchführung eines Testlaufes bereits in Planung, jedoch nicht vor Fertigstellung der Arbeit
final abgeschlossen.

Herausforderungen

Herausfordernd gestaltet sich insbesondere die Tatsache, dass zum derzeitigen Zeitpunkt die Machbarkeit der Optimierung nicht endgültig bestätigt werden kann.
Dementsprechend ist eine Unmöglichkeit des gewählten Verwertungsweges nicht
auszuschließen. Im Zuge der Optimierung zeigt sich zudem, dass auf Projektebene
auch Alternativlösungen mit höherer Priorität (Wiederverwendung intern) umgesetzt
werden können, deren Umsetzbarkeit zum jetzigen Stand ebenfalls nicht nachgewiesen
werden kann. Generell erlaubt das Konzept eine gewisse Flexibilität bei der Auswahl des
favorisierten Verwertungsweges, jedoch nur unter der Prämisse, dass der Bewertungsfaktor für die Entscheidung maßgebend bleibt. Eine vollständige Validierung des
Konzeptes ist erst erfolgt, sobald konkrete Projekte geplant und durchgeführt werden.

Im Sinne der Wirtschaftlichkeit ist zudem eine Fokussierung bei der Optimierung
der Verwertungswege auf Werkstoffebene elementar. Bei insgesamt 70 verwendeten
Materialien muss priorisiert werden, welche Werkstoffe bezogen auf die Verwertung
intensiviert zu betrachten sind. Im Nachgang der Konzeption eine ausführliche Analyse für
jedes Material anzustoßen, wird als unwirtschaftlich erachtet. Daher muss an dieser Stelle
hervorgehoben werden, dass eine Planung der Entsorgung bereits in der Konzeption ausreichend mitzuberücksichtigen ist. Die Auswahl nachhaltiger Materialien sowie die Auseinandersetzung mit deren Verwertungswegen in einem frühzeitigen Stadium vereinfacht
die spätere Abwicklung im Bauablauf immens. Das Konzept unterliegt folglich gewissen
Restriktionen, die aus Entscheidungen in der Konzeptionsphase resultieren.

Ermittlung der Rückbaufreundlichkeit

Der Einsatz der Fügematrix von *Schwede und Störl* wird für das vorliege Beispiel als ungeeignet eingeschätzt, da die Anwendung sich vorwiegend für Bauteile mit einer geringeren Materialheterogenität anbietet. Durch die Vielzahl verwendeter Materialien wird die Übersichtlichkeit und Transparenz durch die Darstellung nicht wesentlich verbessert und somit das Potenzial nicht ausgeschöpft.

Um dennoch Rückschlüsse bezüglich der Rückbaufreundlichkeit ziehen zu können, wurde diese im Rahmen eines Austausches mit dem Hersteller evaluiert. Hieraus ergab sich die Erkenntnis, dass ohne einen Testversuch keine verlässliche Aussage über die Rückbaufreundlichkeit getroffen werden kann. Zum Status quo ist der Hersteller selbst nicht an der Demontage beteiligt. Stattdessen werden Abbruchunternehmen generalisiert mit dem Rückbau beauftragt, wobei die benötigte Zeit der wichtigste Entscheidungsfaktor ist. Der Testversuch dient zur Ermittlung des Demontageaufwandes, der für die sortenreine Trennung der Holzwerkstoffe zu erbringen ist. Der Demontageaufwand steht in enger Abhängigkeit zur vorgegebenen Mindestanforderung zur sortenreinen Trennung, da hieraus die Sorgfältigkeit der Demontage abgeleitet wird. Es bietet sich deshalb an, die geplanten Testläufe für die Ermittlung des Verwertungsweges und des Demontageaufwandes zu kombinieren, sodass ein zusammenhängender Gesamteindruck entsteht.

Herausforderungen

Zusammengefasst ist zum Status quo lediglich eine qualitative Beurteilung der Rückbaufreundlichkeit gegeben, die aus den Aussagen des Herstellers bezüglich der Komplexität der Demontage resultiert. Die quantitative Bewertung der Lösbarkeit von den vorliegenden Verbindungsarten ist nur möglich, wenn ausreichend Transparenz über die Fügebeziehungen der Materialien geschaffen wird. Ähnlich der Erstellung einer Materialstrombilanz ist auch die Ermittlung der Rückbaufreundlichkeit demzufolge von der Zuarbeit externer Partner abhängig. Es ist derzeit nicht endgültig geklärt, wie umfassend der Hersteller in die Prozesse eingebunden und in die Pflicht genommen werden muss. Exemplarisch zeigt der Einsatz der Fügematrix, dass zu hohe Erwartungen an den Partner die Gefahr einer Überforderung bergen. Die Anwendung des Konzeptes erfordert aus diesem Grund perspektivisch eine Einweisung aller Projektbeteiligten und unter Umständen die Einführung eines Geschäftspartnerkodexes, damit die geforderten Qualitäten in Gänze sichergestellt werden. Hierfür ist auch intern zu klären, ob das Konzept vollständig oder nur in Teilen in der Praxis zum Einsatz kommt.

Darstellung der Verfahrenswege der Trennung

Die Verfahrenswege der Trennung leiten sich aus der ermittelten Rückbaufreundlichkeit ab. Da zum jetzigen Zeitpunkt die Analyse nicht vollständig abgeschlossen ist, kann diesbezüglich keine Aussage getroffen werden.

Herausforderungen

Aufgrund der Tatsache, dass sich die Verfahrenswege der Trennung aus den Einschätzungen bezüglich der Lösbarkeit der Verbindungen ergeben, sind diese ohne die notwendigen Grundlageninformationen nicht planbar. Eine Vorgabe bezüglich der genauen Prozessführung kann demzufolge zum derzeitigen Stand nicht erfolgen. Das Konzept weist hinsichtlich der Demontageplanung Defizite in der Umsetzung auf, sobald keine Fügematrix eingesetzt wird. Es muss folglich eine Alternativlösung gefunden werden, die für eine Bestimmung der Rückbaufreundlichkeit und eine Darstellung der Verfahrenswege der Trennung bei den Gestaltungselementen geeignet ist.

5.2.2 Projektindividuelle Maßnahmen

Ausgangssituation

Die Durchführung der projektindividuellen Maßnahmen wird anhand eines realen Projektes untersucht, das zum Zeitpunkt der Erstellung dieser Arbeit jedoch nicht final realisiert ist. Daher beschränkt sich die Anwendung auf die Planungsphase der einzelnen Maßnahmen. Das bedeutet, dass einzelne projektindividuelle Maßnahmen wie beispielsweise die Etablierung eines transparenten Nachtragsmanagements oder die Kontrolle der sortenreinen Trennung nicht durchführbar sind. In der Planung relevante Maßnahmen sind in Abb. 5.2 dargestellt.

Bei dem anstehenden Projekt handelt es sich um eine Umbaumaßnahme in einem Bestandsgebäude, die einen Austausch der Regalierung, der Kassentische, der LED-Beleuchtung sowie der APEX-Station beinhaltet. Die Rahmenbedingungen lassen sich folgendermaßen zusammenfassen:

Rahmenbedingungen

Eigenimmobilie: Nein
Lage: Fußgängerzone in Innenstadt von Lörrach

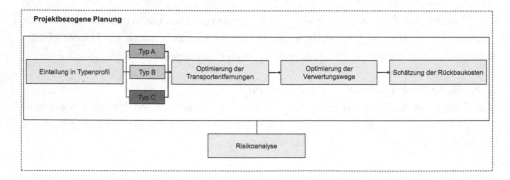

Abb. 5.2 Projektindividuelle Maßnahmen in der Planung

Stellplätze: Mindestmaß nach LBO (2 Stellplätze)
Umbauumfang: Komplettumbau
Grundrissfläche: 437, 14 m^2

Als Besonderheit ist zu nennen, dass die Filiale zweigeschossig ausgeprägt ist und über
einen Aufzug verfügt. Allerdings befindet sich die gesamte Verkaufsfläche ebenerdig,
während im Obergeschoss lediglich die Nebenräume platziert sind. Für die Erreichbarkeit innerhalb der Filiale spielt der Aufzug somit keine Rolle. Durch die zentrale Lage
in einer belebten Umgebung und einem erhöhten Verkehrsaufkommen ist bezüglich der
Erreichbarkeit aber dennoch mit Komplikationen zu rechnen. Hinzukommt, dass in einer
Fußgängerzone die frontale Anfahrt des Gebäudes nur unter Auflagen genehmigt ist.
Abb. 5.3 zeigt den Vorgang der Einteilung des Projektes zu einem der definierten Typen-
profile. Einzig der Mehraufwand durch die gemeinsame Anliefer- und Abholsituation
und den sich daraus ergebenden Abhängigkeiten bei Centerlagen ist nicht anzunehmen.
Daher wird die Filiale dem Typ B zugeordnet, wobei sie alle durch die Zuordnung zum
Filialtyp B möglichen Restriktionen aufweist.

Herausforderungen
Bei der Einteilung ist grundsätzlich zu hinterfragen, auf welche Weise einige Annahmen
interpretiert werden. Beispielsweise muss für eine eindeutige Zuordnung des Typen-
profils klarer definiert werden, ab wann es sich um eine große Grundrissfläche handelt.
Für das vorliegende Beispiel wurde die Annahme getroffen, dass Filialen mit über
650 m^2 Grundrissfläche als groß bezeichnet werden. Allerdings wird auch an anderen
Stellen wie der Erreichbarkeit deutlich, dass es einer Konkretisierung der Annahmen
bedarf, um vor allem nicht mit dem Konzept vertrauten Personen eine Anwendung zu
ermöglichen.

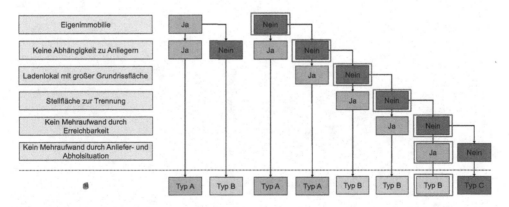

Abb. 5.3 Entscheidungsbaum Projekt Lörrach

Optimierung der Transportentfernungen

Für das Beispielprojekt soll eine Entscheidung für einen Entsorger nach nachhaltigen Gesichtspunkten getroffen werden und somit auf Grundlage der Transportentfernung erfolgen. Daher ist im ersten Schritt eine Analyse der gegebenen Entsorgungsstrukturen notwendig. Im Landkreis Lörrach existieren nach Aussage der zuständigen Abfallwirtschaftsstelle zehn Recyclinghöfe [2]. Zusätzlich werden durch tiefer gehende Recherche weitere Betriebe identifiziert, die auf die Entsorgung von Bauabfällen spezialisiert sind. Die gewonnenen Erkenntnisse werden in einer Übersichtskarte konsolidiert, sodass eine Übersicht über die einzelnen Transportentfernungen der Entsorgungsbetriebe zum Projektstandort entsteht. Die Übersicht ist in Abb. 5.4 visualisiert und listet Betriebe in einem Radius von 20 km auf.

Als naheliegendster Entsorgungsbetrieb, der auf die Abholung von BA spezialisiert ist, wird die Dieter Schmidt Containerdienst Unternehmung identifiziert. Die

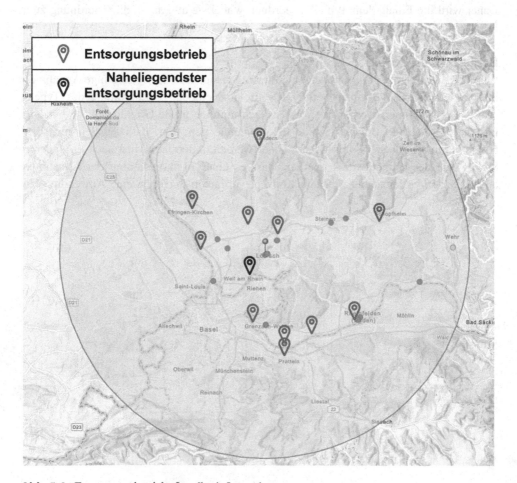

Abb. 5.4   Entsorgungsbetriebe Landkreis Lörrach

Transportentfernung vom Projekt zur Erstanlieferung beträgt bei der Auswahl dieses Dienstleisters lediglich 4,40 km [3]. Allerdings muss hinzugefügt werden, dass durch die Lage in der Fußgängerzone das Ziel nicht direkt angefahren werden kann. Im Sinne eines ökologischen Handelns und aufgrund des Einsparpotenzials von CO_2-Emissionen basiert die weitere Planung auf dem Leistungsspektrum des Dieter-Schmidt-Container-dienstes.

Herausforderungen

Als problematisch ist anzusehen, dass der weiterführende Verwertungsweg von der Erst-anlieferung zu anderen nachgelagerten Stationen in der Entsorgung in der derzeitigen Betrachtung nicht berücksichtigt ist. Deshalb muss der gewählte Entsorgungsbetrieb nicht zwangsläufig die ökologischste Variante sein, da unter Umständen andere Betriebe eine bessere Vernetzung und daher geringere Entfernungen zu anderen Entsorgern auf-weisen können. Die valide Entscheidung für einen Betrieb setzt zudem eine intensive Auseinandersetzung mit den lokalen Gegebenheiten voraus, die Kapazitäten bindet und somit einen Mehraufwand nach sich zieht. Die Umsetzung kann folglich aufgrund einer nicht gegebenen Wirtschaftlichkeit des Analyseprozesses verhindert werden.

Optimierung der Verwertung auf Werkstoffebene

Die Verwertung auf Bauteilebene kann auf Grundlage der bereits erfolgten Analyse des Verwertungsweges der APEX-Station projektindividuell weitestgehend vernachlässigt werden. So wurde im ersten Schritt bereits geprüft, ob bei Einbeziehung des Konzeptes nach Abschluss der Konzeptions- und Roll-Out-Phase für das Gestaltungselement eine Wiederverwendung oder eine Abfallvermeidung forciert werden kann. Einzig gilt zu prüfen, ob das Gestaltungselement nach dem Ausbau in eine Filiale nahebei transferiert werden kann. Allerdings finden derzeit parallel keine weiteren Maßnahmen im Umkreis statt, bei denen sich eine Einbringung anbieten würde. Daher entfällt diese Option eben-falls und es wird die bereits ausgeführte Optimierung der Verwertung auf Werkstoffebene angestoßen. Als Mindestanforderungen wurde festgelegt, dass für die angestrebte Ver-wertung der Holzkomponenten nach Altholzklasse II getrennt werden muss. Ausgehend von den errechneten Mengen im Rahmen der Erstellung der Materialstrombilanz wird ein Sammelvolumen von mindestens 3,495 m³ benötigt. Auf Grundlage der errechneten Menge und dem Angebot des Dieter-Schmidt-Containerdienstes wird die Stellung einer offenen Mulde mit einem Volumen von 4,00 m³ als wirtschaftlichste Alternative erachtet. Ein solcher Container setzt eine Stellfläche von 2,70 m auf 1,15 m voraus. Da es sich um einen Komplettumbau handelt, werden zusätzlich weitere Kapazitäten gebraucht. Pauschal wird daher aufgrund des begrenzten Platzangebots ein Baumischcontainer für sonstige BA gestellt. Eine komplette sortenreine Trennung ist aufgrund der Rahmen-bedingungen speziell durch das nicht Vorhandensein von ausreichend eigener Stellfläche sowohl technisch als auch wirtschaftlich nicht umsetzbar. Der Mischcontainer wird mit 8,00 m³ angenommen. Die notwendige Stellfläche beträgt dementsprechend 3,65 m auf 1,40 m [4].

Abb. 5.5 Vorschlag
Containerstellung. (Eigene
Darstellung in Anlehnung an
[5])

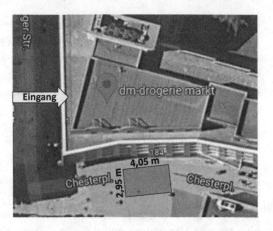

Für die gesamte Stellfläche ergeben sich unter Berücksichtigung eines eigens definierten Toleranzbereichs von 0,20 m an jeder Seiten- und Stirnfläche Abmessungen von 4,05 m auf 2,95 m. In Abb. 5.5 ist ein Vorschlag für die Containerstellung in der Anwendungssituation aufgezeigt, welche die vorgegebene Mindestanforderung der Trennung erfüllt.

Herausforderungen

Herausfordernd gestaltet sich bei der Anwendung des Konzeptes, dass der Umgang mit den Abfallmengen abseits von der APEX-Station bisher nicht hinreichend untersucht wurde. Für eine vollständige Rückbauplanung bei einem Komplettumbau muss theoretisch auch für die anderen rückgebauten Komponenten eine ausführliche Materialstrombilanzierung erstellt werden. Die Stellung eines Baumischcontainers ist im Normalfall zu vermeiden, da sich dies hinderlich auf die sortenreine Trennung auswirkt. Folglich ist der Nutzen des Konzeptes im vorliegenden Projekt lediglich auf die APEX-Station limitiert.

Zusätzlich kann ohne abgeschlossenes Genehmigungsverfahren nicht ausgeschlossen werden, dass das erstellte Trennkonzept angepasst werden muss. Im schlimmsten Fall ist eine Umsetzung der eruierten Mindestanforderung an die Trennung nicht möglich und der Nutzen des Konzeptes bezüglich der Optimierung der Verwertung wird nicht erfüllt.

Risikoanalyse und -bewertung

Zur verbesserten Einschätzung unvorhersehbarer Investitionen wird für das Projekt eine Risikoanalyse erstellt. Maßgebend für die Eintrittshöhe der Risiken ist der durchschnittliche tägliche Umsatz, der bei einer Verschiebung des Wiedereröffnungstermins ausbleibt. Die ausführliche Risikoanalyse ist dem Anhang beigefügt (s. Anhang).

Herausforderungen

Für gewisse Risiken wie beispielsweise Personenschäden gestaltet es sich in der Analyse schwierig, passende Eintrittshöhen festzulegen. Auch die Eintrittswahrscheinlichkeit basiert auf subjektiven Werten und ist daher lediglich ein Schätzwert. Trotzdessen eignet sich die Durchführung einer Risikobewertung in der Planung, um bezogen auf den Rückbau vorab auf potenzielle Risiken hinzuweisen und durch die Initiierung geeigneter Maßnahmen zu reagieren.

Schätzung der Rückbaukosten

Die Rückbaukosten setzen sich wie bereits beschrieben aus den Kosten für die Demontage und der anschließenden Entsorgung zusammen. Die Kosten für die Demontage können nur grob geschätzt werden, da für den gesamten Rückbau ein Generalunternehmer beauftragt wird. Dadurch ist eine Aufschlüsselung der Demontagekosten für die APEX-Station nur bedingt möglich. Es besteht lediglich die Möglichkeit, die separaten Kosten für die Demontage der APEX-Station schätzungsweise aus den Gesamtkosten zu ermitteln. Bezüglich der Kostenschätzung für die Gesamtkosten wird auf Referenzwerte aus bereits abgeschlossenen Projekten zurückgegriffen.

Bezüglich der Entsorgungskosten wurde bei der Dieter Schmidt Containerdienst-Unternehmung ein Angebot für die angenommenen Containergrößen eingeholt. Eine ausführliche Schätzung der Entsorgungskosten ist dem Anhang beigefügt (s. Anhang).

Herausforderungen

Die Bezugnahme auf die Referenzwerte muss mit dem Zusatz versehen werden, dass diese nur einen groben Richtwert darstellen und projektspezifisch starke Abweichungen möglich sind. Aus der Aufstellung der Werte geht nicht hervor, welche Abfallfraktionen im Detail angefallen sind und wie umfangreich die Rückbaumaßnahme im Allgemeinen war. Dies liegt in der teilweise unvollständigen Dokumentation der Daten in der Abrechnung begründet. Durch die geplante Beauftragung eines Generalunternehmers für die Demontagearbeiten ist zudem keine konkrete Aufschlüsselung der Kosten auf das Gestaltungselement möglich.

Verglichen mit den Referenzwerten zeigen die geschätzten Kosten für die Entsorgung durch die Dieter Schmidt Containerdienst Unternehmung eine deutliche Abweichung von knapp 57 % zu den ermittelten Referenzwerten. Die Ursache für die Abweichung kann verschieden begründet werden. Zum einen ist davon auszugehen, dass die Auswahl des Entsorgers ausschließlich nach ökologischen Gesichtspunkten nicht zwangsläufig die wirtschaftlichste Alternative darstellt. Größere Unternehmen sind unter Umständen fähig, bessere Konditionen als klein- und mittelständische Unternehmen anbieten zu können. Zum anderen werden im Zuge der Berechnung verschiedene Annahmen getroffen, die für das vorliegende Beispiel nicht zutreffen müssen. Die Schätzung dient somit lediglich als Orientierung und muss im weiteren Projektverlauf weiter angepasst werden.

5.3   Handlungsempfehlung

Auf Basis der Erfahrungen aus der Anwendung des Konzeptes im Praxiszusammenhang lässt sich eine Handlungsempfehlung für den Prozess der Demontage sowie der Entsorgung aussprechen. Die Anwendung hat gezeigt, dass eine Optimierung der Verwertungswege tendenziell möglich ist. Die durchgeführte Analyse ergibt eine Reduzierung der relativen Abfallmengen für die Holzwerkstoffe um 47 %, falls die Zielvorgabe einer kompletten Wiederverwertung erreicht wird. Die geplanten Testläufe sind folglich für eine Überprüfung der Machbarkeit final umzusetzen und anschließend auszuwerten. Anhand der Auswertung kann das weitere Vorgehen strukturiert werden. Im Zuge der Umsetzung muss zusätzlich der Demontageaufwand festgehalten werden, der für eine Mindesttrennung der Holzkomponenten nach Altholzklasse II nötig ist.

Daneben ist parallel die Geschäftsbeziehung mit den Partnern weiterzuentwickeln. Die Anwendung des Konzeptes erfordert eine stärkere Bindung zwischen internen und externen Kräften sowie eine transparente Darstellung der Verantwortlichkeiten. Dies verlangt unter Umständen eine Anpassung bestehender Vertragswerke und eine klare Definition der internen Anforderungen an die Partnerunternehmen. Es ist empfehlenswert, den Aspekt der Zusammenarbeit bereits in der Konzeption bei der Auswahl des Entwicklungspartners zu berücksichtigen.

Grundsätzlich ist das EoL in der Konzeptionsphase vermehrt in die Entscheidungsfindung einzubeziehen. Durch die Auswahl nachhaltiger Materialien und Fügeprinzipien ist die Beeinflussbarkeit der Entsorgung und Demontage in frühem Stadium am höchsten. Perspektivisch bietet sich daher an, die im Rahmen der Arbeit erstellte Checkliste frühzeitig in die Entwicklung der Gestaltungselemente einzubinden. Gleichzeitig empfiehlt sich bei der Auswahl der Materialien das Abprüfen bestimmter Parameter, welche hinsichtlich der Ökologie und Ökonomie Einfluss auf die Nachhaltigkeit des Produktes nehmen. Hierzu kann ebenfalls eine Bewertung anhand verschiedener Kategorien erfolgen. Mögliche produktbezogene Kriterien wären beispielsweise die Zusammensetzung aus erneuerbaren Bestandteilen, das Vorliegen von Herkunftsnachweisen, Zertifizierungen der Produktionsunternehmen oder bereits formulierte Entsorgungsanweisungen. Für die Überprüfung ist die Erstellung einer detaillierten Bewertungssystematik sinnvoll, die einen Vergleich geeigneter Produktalternativen ermöglicht. Durch eine rückwärtige Einbeziehung des Konzeptes unmittelbar vor der Rückbauphase wird der Nutzen der initiierten Maßnahmen geschmälert. Aspekte wie die Verkäuflichkeit der Objekte gilt es in Zukunft ebenfalls in der Konzeption grundlegend mitzudenken. Gegebenenfalls ist unter nachhaltigen Gesichtspunkten ein Weiterverkauf über die individuelle Gestaltung zu priorisieren. Empfehlenswert ist daher zumindest das Überdenken der internen Grundsatzentscheidungen, welche die Ausrichtung des Unternehmens hinsichtlich der Thematik vorgeben.

Literatur

1. Bundesministerium der Justiz (2020) Verordnung über Anforderungen an die Verwertung und Beseitigung von Altholz (Altholzverordnung – AltholzV).
2. Abfallwirtschaft Landkreis Lörrach (2022) Entosrgungsbetriebe der Abfallwirtschaft, online abgerufen unter https://www.abfallwirtschaft-loerrach-landkreis.de/einrichtungen, 05.09.2022.
3. Google (2022) Google Maps Navigation, online abgerufen unter https://www.google.de/maps/dir/Tumringer+Str.,+79539+L%C3%B6rrach/Dieter+Schmidt+Containerdienst,+Hauptstra%C3%9Fe,+Weil+am+Rhein/@47.6048155,7.6316765,14z/data, 07.09.2022.
4. Containerdienst Schmidt-Keller (2022) Offene Mulden, online abgerufen unter https://www.schmidt-keller.de/index.php/leistungen/verfuegbare-mulden, 05.09.2022.
5. Google (2022) Google Maps Navigation, online abgerufen unter https://www.google.de/maps/place/dmdrogerie+markt/@47.6132336,7.6588433,17z/data.

Schlussbetrachtung

6

6.1 Ergebnis

Das nachfolgende Kapitel fasst abschließend das Ergebnis zusammen und schließt eine Untersuchung der eingangs formulierten Anforderungen ein. Im Zuge der Zielsetzung wurden vier grundlegende Anforderungen an das Konzept definiert:

- Flexibilität
- Anpassbar- und Erweiterbarkeit
- Vergleichbarkeit und Prüfbarkeit
- Einhaltung von nationalen und europäischen Gesetzen und Regularien

Durch die Anwendung im Praxiszusammenhang wurde zudem die entwickelte Vorgehensweise partiell für die projektunabhängigen Maßnahmen simuliert und Herausforderungen in der Handhabe identifiziert. Hieraus lassen sich Rückschlüsse bezüglich der Anwendbarkeit ziehen, welche die Einbeziehung des Konzeptes betreffen. Die Erfüllung der Anforderungen wird im folgenden Textabschnitt untersucht.

Flexibilität: Das Konzept soll hinsichtlich des Zeitpunktes der Einbeziehung eine gewisse Flexibilität offenhalten. Durch die klare Unterscheidung zwischen projektunabhängigen und -individuellen Maßnahmen wird verdeutlicht, welche Initiativen begleitend und somit flexibel durchgesetzt werden können. Die projektunabhängigen Maßnahmen sind hierbei ungebunden umsetzbar und erfüllen daher das geforderte Maß an Flexibilität. Allerdings muss darauf hingewiesen werden, dass in der Konzeption getroffene Entscheidungen zu späterem Zeitpunkt nicht revidierbar und daher endgültig sind. Daraus ergibt sich, dass die projektunabhängigen Maßnahmen nur so weit flexibel umgesetzt werden können, wie es die Restriktionen aus der Konzeption erlauben. Für die

J. Scharke, *Nachhaltige Rückbau- und Entsorgungsplanung*, Entwicklung neuer Ansätze zum nachhaltigen Planen und Bauen, https://doi.org/10.1007/978-3-658-41378-1_6

betroffenen Maßnahmen wurde dieser Umstand in Abschn. 4.3.1 bereits hinlänglich erläutert.

Anpassbar- und Erweiterbarkeit: Die Anwendung im Praxiszusammenhang hat gezeigt, dass eine Anpassung des Konzeptes möglich ist. Dies ist insbesondere bei der Untersuchung der Verwertung auf Werkstoffebene wichtig, da eine ganzheitliche Analyse des Gestaltungselementes aufgrund des damit verbundenen Aufwandes unwirtschaftlich sein kann. Die Anpassbarkeit auf einzelne Werkstoffe ist durch eine selektive Material-strombilanzierung und Recherche im Rahmen des Konzeptes möglich. Gleichzeitig ist das Konzept tendenziell auf die gestellten Anforderungen des Unternehmens anpassbar, indem einzelne Maßnahmen bewusst nicht umgesetzt werden. Im Sinne einer ganzheit-lichen ökologischen und ökonomischen Qualitätssicherung ist eine vollständige Ein-beziehung jedoch zu präferieren.

Aktuell beschränken sich die Maßnahmen des Konzeptes auf die ökologische und ökonomische Dimension sowie auf die technische Ausführung des Prozesses. Eine Erweiterung um sozio-kulturelle Zielsetzungen und weitere Maßnahmen ist daher potenziell gegeben. Keine gesonderte Berücksichtigung erhalten derzeit zudem indirekte Kostenpunkte, die im Kontext der Entsorgung der Gestaltungselemente anfallen. Ins-besondere gemeint ist die derzeit gültige CO_2-Steuer, die im Rückbauprozess vorrangig den Transport zur ersten Anlaufstelle betrifft.

Ein weiterer Kostenfaktor entsteht indirekt durch die sogenannten Umweltfolge-kosten, welche die Auswirkungen von Einsparungen in Bezug auf die Ökologie aus-drücken. Hierunter fallen beispielsweise Kosten für Schäden der Gesundheit oder des Ökosystems. Eine Berechnung der Kosten für den Rückbau kann sich perspektivisch an etablierten Berechnungsmethoden des Umweltbundesamtes orientieren. In der vorliegenden Arbeit sind die Umweltfolgekosten jedoch nicht monetär beziffert, da grundlegende Parameter wie die erzeugten CO_2-Emissionnen nicht vollständig projekt-unabhängig ermittelt werden können [1].

Der Umgang mit projektindividuellen Maßnahmen bietet ebenfalls das Potenzial einer Erweiterung. Derzeit sind lediglich drei übergeordnete Typenprofile definiert, die auf eine kontinuierliche Weiterentwicklung ausgelegt sind. Durch den vermehrten Einsatz in der Praxis wird sich zeigen, inwieweit die derzeitige Kategorisierung für die Zuordnung aufkommender Projekte ausreicht. Unter Umständen ist eine weitere Spezifikation not-wendig, um eine eindeutige und umfangreichere Einteilung vornehmen zu können. Ein exemplarischer Ansatz für die perspektivische Weiterentwicklung der Kategorien wird abschließend in Abschn. 4.3.2 beschrieben.

Vergleichbarkeit und Prüfbarkeit: Durch die Vergabe von Bewertungsfaktoren für die einzelnen Verwertungswege der Werkstoffe und Bauteile wird eine Vergleichbar-keit verschiedener Umsetzungsvarianten erreicht. Die Berechnung der relativen Massen bringt dabei die Wirksamkeit der ergriffenen Maßnahmen zum Ausdruck. Um den Status der Umsetzung zu überprüfen, dient die erstellte Checkliste für projektunabhängige Maßnahmen nach Einschätzung befragter Nutzer als adäquates Arbeitsmittel. Für die projektindividuellen Maßnahmen wird die Checkliste ebenfalls im Rahmen des Beispielprojektes zur Qualitätssicherung eingesetzt. Das Ausbleiben von Anpassungen kann jedoch nicht final ausgeschlossen werden.

Einhaltung von nationalen und europäischen Gesetzen und Regularien: Die Einhaltung der Gesetze und Regularien wird durch den zugrunde liegenden Input des Konzeptes erreicht. Die einzelnen Maßnahmen orientieren sich hierbei an den derzeit gültigen Gesetzen und etablierten Regelwerken. Insbesondere die GewAbfV und das KrWG sind in Deutschland maßgebend und dementsprechend bei der Konzeptentwicklung berücksichtigt. Die Vorgaben des KrWG werden exemplarisch durch die Orientierung an der Abfallhierarchie bei der Optimierung der Verwertungswege eingehalten. Konkretes Ziel ist das Erreichen einer möglichst hohen Qualitätsstufe, dem die definierten Maßnahmen untergeordnet sind. Die Einhaltung der GewAbfV wird explizit durch die Einteilung der Abfälle in Fraktionen erreicht. Zudem ist eine Rechtfertigung bei einer Abweichung vom vorgeschriebenen Standard im Zuge der Kontrolle der sortenreinen Trennung verpflichtend und in der Checkliste integriert.

6.2 Ausblick

Die Erstellung des Konzeptes steht im Einklang mit den Zielen, die für eine konsistente Entwicklung der Gestaltungselemente maßgebend sind. Oberste Priorität hat hierbei die umweltverträgliche Beschaffenheit von Stoffströmen, die durch verschiedene in dieser Arbeit erläuterten Maßnahmen erreicht werden kann. Die dynamische Gestaltung des Konzeptes verdeutlicht in diesem Zusammenhang die Flexibilität, die in der Abwicklung des Rückbaus und der Entsorgung grundsätzlich möglich ist. Es ist daher wichtig zu betonen, dass Unternehmen eine gewisse Freiheit beim Einsatz des Konzeptes zugesprochen wird. Der Großteil der abgeleiteten Maßnahmen muss folglich auf Unternehmensebene auf deren Machbarkeit hin geprüft werden. Das Konzept gibt somit lediglich eine Struktur vor, die Unternehmen bei der Einbeziehung nachhaltiger Zielstellungen im Bereich des Rückbaus- und der Verwertung unterstützt.

Bereits aus den Forschungen von *Etzel* geht hervor, dass die Kreislaufführung der gestalterischen Elemente in Einzelhandelsfilialen bislang nur rudimentär forciert wird [2]. Der Fokus muss daher perspektivisch auf einer frühzeitigen Berücksichtigung des EoL in der Konzeptionsphase liegen, sodass Synergien zwischen Herstellern und Bauherren erzeugt werden. Die Art der Bindung beider Parteien sowie die Verantwortlichkeiten müssen in diesem Prozess klar definiert werden, sodass eine gemeinsame Lösungsstrategie eruiert werden kann. Hierzu sind weitere Forschungen notwendig, um die Wechselwirkungen und das Ausmaß der Zusammenarbeit final festzulegen. Beispielhaft wird der Entwurf eines Geschäftspartnerkodexes angeführt, der als verbindliche Geschäftsgrundlage für das partnerschaftliche Verhältnis dienen kann. Aspekte, die in einem solchen Konstitut festgehalten werden können, sind beispielsweise:

- Herstellerverpflichtungen bezüglich des EoL (z. B. Rücknahmevereinbarungen, Entsorgungsanleitungen, Aufzeigen von Recyclingpotenzial, etc.)
- Festlegung von Nachhaltigkeitszielen, die verbindlich einzuhalten sind (z. B. CO_2-Neutralität bis Stichtag, Verwertung in Qualitätsstufe 1, etc.)
- Engagement zur Erreichung von Nachhaltigkeitszielen (z. B. Nachhaltigkeitsmanagementsystem, Produktzertifizierung, etc.)

Als Ergebnis aus der Zusammenarbeit kann beispielsweise eine Cradle-to-Cradle Zertifizierung einzelner Gestaltungselemente hervorgehen. Eine solche Entscheidung in der Konzeption beeinflusst im Umkehrschluss die spätere Demontage maßgeblich, da zwangsläufig neue Prozesse aufgesetzt werden müssen.

Bisher unberücksichtigt ist die Erstellung einer Ökobilanz für die mit der Demontage verbundenen Umweltwirkungen. Diese ist zur Sicherstellung der ökologischen Qualität und für die Erfassung der konkreten Belastung perspektivisch ebenfalls in das Konzept zu integrieren. Hierbei sind für die Bewertung des Rückbaus mindestens die Module C und D, sprich die Bewertung der Verwertung, Entsorgung und des Recyclingpotenzials gemäß DIN EN 15978 in die Berechnung aufzunehmen [3]. Die Ökobilanzierung basiert hierbei auf der Materialstrombilanz und setzt folglich deren Vorhandensein voraus. Der Fokus sollte daher in erster Linie darauf liegen, die Qualität der Datengrundlage zu sichern, bevor im weiteren Verlauf eine Ökobilanzierung angestoßen wird. Synergieeffekte bei der Datenhaltung können in der Anwendung von digitalen Informationssystemen und Ansätzen wie beispielsweise dem Building Information Modelling (BIM) liegen. Eine erhöhte Transparenz bei den zugrunde liegenden Massen ist ebenso bereits ein Kriterium, das im Geschäftspartnerkodex verankert werden kann.

Neben den bereits genannten Forschungsfeldern ist auch eine Beschäftigung mit den definierten Typenprofilen perspektivisch auszuweiten. Hierbei gilt es in erster Linie zu prüfen, inwieweit die bisher getroffenen Annahmen zur Abbildung der Realität ausreichen. Dies erfordert eine ausgeprägte Anwendung im Praxiszusammenhang, da eine Mindestanzahl von Projekten abgewickelt werden muss, um aussagekräftige Ergebnisse zu erhalten. Die Integration weiterer Maßnahmen beispielsweise mit sozio-kulturellem Hintergrund kann auf den bereits ausgeführten Verwertungs- und Entsorgungsinitiativen aufbauen oder begleitend erfolgen. Exemplarisch kann auf Basis des Entsorgungskonzeptes eine anwohnerorientierte Logistikplanung erstellt werden, welche die genaue Verkehrsführung, Engstellen und Anforderungen an die Transportfahrzeuge konsolidiert. Gleichzeitig ist sowohl im Vorfeld als auch während des Demontageprozesses eine Einbeziehung der Anwohner durch gezielte Aufklärungsarbeit sinnvoll, um Risiken zu minimieren und das soziale Umfeld zu berücksichtigen. Ein Best-Practice-Beispiel kann in nachfolgenden Forschungen erarbeitet werden.

Die erfolgte Forschung besitzt insofern besondere Relevanz, da davon auszugehen ist, dass durch den Gesetzgeber in den kommenden Jahren weitere Vorgaben und Anforderungen an die Kreislaufführung von Produkten gestellt werden. Sobald konkrete Gesetze bestehen, sind Unternehmen ohnehin dazu verpflichtet der Kreislaufführung eine erhöhte Aufmerksamkeit zu widmen. Die DIN SPEC 4866 gibt bereits ein spezifisches Beispiel dafür, wie ein neuer Standard bezüglich der nachhaltigen Organisation von Rückbaumaßnahmen in einer speziellen Anwendungssituation strukturiert sein kann. Potenziale in anderen Bereichen können perspektivisch durch die Entwicklung weiterer Standards abgebildet werden.

Literatur

1. Matthey, A.; Bünger, B. (2020) Methodenkonvention 3.1 zur Ermittlung von Umweltkosten. Umweltbundesamt, Dessau-Roßlau.
2. Etzel, E. (2020) „Der Einzelhandelsladen der Zukunft" Kann durch Cradle to Cradle eine neue Qualität der Nachhaltigkeit für Gebäude des Einzelhandels erreicht werden?. Dissertation. Leuphana Universität Lüneburg, Lüneburg.
3. Deutsche Gesellschaft der Nachhaltigkeit (2022) Rückbau-Tool.

Printed in the United States
by Baker & Taylor Publisher Services